（原マサヒコ）
原正彥——著　郭子菱——譯

トヨタで学んだ自分を変えるすごい時短術

善用25%規則，
TOYOTA精實到位
時間管理術

目錄

Chapter 1

讓工作效率大幅提升的Toyota五個關鍵句

運用 Toyota 式的工作思維，將單純的「努力工作」升級成隨時思考更有效的工作方式，並捨棄不必要的工作和行為，增加私人運用的時間。

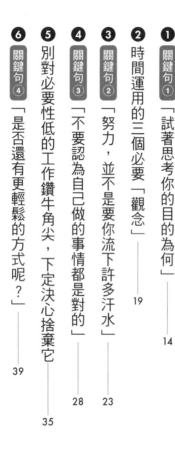

CONTENTS

Chapter 2

加快時間運用效率的 Toyota「智慧改善技巧」

使用「自動化」、「多能工」、「基準化分析法」等技巧，把時間徹底用在「看得到效果」的成功路線，建立良好的時間運用循環。

Chapter 3 人人都適用的 Toyota 時間運用術

無論工作類型為何，Toyota 式的時間運用秘訣都能妥善套用在各種職場上，從小地方著手、具體地改善上班時間的使用效率。

CONTENTS

Chapter 5

迅速提高團隊效率的Toyota式整體機制

再怎麼落實部分最優化，還是沒有辦法贏過全體最優化。
消除團隊中的代溝與能力落差，讓整個團隊拿出成果，才能真正改善個人的時間運用。

CONTENTS

前言

啊啊，真的好忙！到底是為何會這麼忙碌呢？

工作根本沒有完成，想做的事情沒辦法做……

想要更加享受工作，也想增加自己的時間。

本書是為了讓有這些煩惱的人們能夠把時間運用術活用於工作上，不只可以從每天繁忙的事務中解脫外，更能將生活過得充實。

許多企業家常常會把「很忙碌」掛在嘴邊。「心已經死亡了」，這是一句多麼負面的話，我個人真的非常討厭。

我想許多人之所以會說這句話，是因為覺得「很輕鬆」。只要一邊說著「好忙、好忙」，一邊埋首於眼前的工作，腦袋就可以不用思考了。

反過來說，僅是稍微改變一下想法，你的工作效率就會急速提升，能夠自由運用的時間自然也會增加。

本書中所寫的時間運用術，除了能夠縮短工作時間，讓你體會更美好的人生之外，還能得到工作上的成果。

乍看之下，這兩件事情好像互有衝突，但其實兩者有著密切關聯。

多數企業家每天面對的工作之中，有很多工作根本可有可無，或者只要稍微改變一下做法，就能夠大幅提高工作效率。關於這點，我們會於本篇詳細做說明。

若你能夠找出這些不必要的工作和行為，並採用更有效率的做事方式，我們就能於最短時間內達到最棒的成果。有這項前提在，我們不只能享受工作，同時也可以增加私人的時間。

為何我要告訴你這件事情呢？這跟我到目前為止所經歷的人生有關。接下來就容我稍微來說說我的故事。

現在的我除了經營公司以外，也會像這樣寫寫書、在全國舉辦演講活動等等，可以說是非常享受工作。

然而就算如此忙碌，我也沒有犧牲掉我的家人。我每天都會帶四歲的女兒到公園散步、每月會去家族旅行，女兒幼稚園的活動，我也從來沒缺席過。

至於工作時間縮短，是不是收入就會減少呢？其實並不會。我以前曾當過業務，而和那時相比，我的收入已經增加了三倍以上。

我現在正過著如此充實的人生，而說起我為何能夠達到這樣的生活，其秘訣就在於本書的主題**「時間運用」。正因為我秉持著「時間運用」的觀念來工作，才能得到這樣的生活**。

事實上，我在「時間運用」這個想法上的啟蒙，是來自於我的第一家公司，也就是位於神奈川的 Toyota 汽車門市。直到現在，我依然以這樣的思維模式為基礎來運用在工作上。

我在 Toyota 所學到的各種思考模式與秘訣，徹底改變了我的人生。

我想很多人都知道，Toyota 從以前到現在，一直有著把作業中無謂的動作都消除，藉此提高生產量的文化。在本篇中我也會詳細說明，我們討厭浪費時間已經達到十分注意工作中每一個步伐速度的境界了。不過若我們將焦點放在這件事情上來思考，其實消除不必要的時間，就是所謂的「時間運用」。

在本書中，我會依序說明這些思考模式與技巧。

說到這裡，我想有很多人會覺得，「Toyota 的方式，說到底也只能應用在他們的販賣現場上吧？像我這樣的白領階級，一定學不來的啦……」。

當然，我在書中不單單會介紹 Toyota 的做法而已。只告訴大家關於汽車工廠的祕訣，根本很難運用在每個人的工作上。

我在離開 Toyota 之後，轉職到一間ＩＴ公司。而經歷所謂的白領階級後，我成立了自己的公司。

除此之外，我也會到各式各樣的企業舉辦演講，和那些為加班所苦的企業家們交流，提供我在 Toyota 所學到的時間運用技巧。

在本書中，我會以各行各業都能夠正確吸收並活用此技巧的方式，來整理與說明Toyota的祕訣。

就算一直喊著「好忙、好忙」，也不會有任何改變。雖然接下來要說明的方法比較嚴格，卻能夠確實讓我們騰出私人的時間。所謂「沒有時間」，只是象徵你「怠慢了自我管理」而已。

請大家一定要透過自己的力量撥出時間，並運用在喜歡的事物上。

人生，會因為時間的使用方式而出現戲劇化的改變。

現在，就讓我們翻開下一頁，開啟改變人生的門扉吧。

二〇一六年八月

原　マサヒコ（Hara Masahiko）

Chapter

1

讓工作效率大幅提升的Toyota五個關鍵句

01

Toyota的時間運用關鍵句 1

「試著思考你的目的為何」

就如同「前言」的部分所說，本書介紹了我在 Toyota 所學到的各種提高效率之思考模式，不只可以讓你將時間運用術活用於工作上，更能讓你的人生變得比以往充實許多。

在第一章，我會以任職於 Toyota 時常常使用到的五個關鍵句（本章我們稱之為「時間運用關鍵句」）為主軸來依序介紹。

首先第一個「時間運用關鍵句」，就是**「試著思考你的目的為何」**。

在 Toyota，你常常會聽到這樣的話。當你在工作上碰壁時，你往往會問前輩，「我們為什麼要做這件事情？」、「這項工作到底是為了什麼？」。或許是因為工作太過忙碌，我們在遇到問題的時候，大多只會注意到眼前一些微小的事物，而忘記了最初的目的。

不只如此，我發現 Toyota 還有另外一種現象，就是在分配工作給某人時，一定會出現以下的思考模式。

舉例而言，有不少上司在吩咐下屬製作資料時，往往只會說「麻煩做一下這個」，並不會多做解釋。而這樣的結果，就會導致做出來的東西有所偏差，上司會認為「我要的才不是這個」。

在 Toyota，大家幾乎都是一邊說明「究竟是為了什麼才需要製作這份資料」、「做出來的資料會如何運用在未來的營運上」，並一邊指示下屬作業。

只要我們明確知道工作的目標為何，就不會產生誤會，進而完成一個高品質的成品。

而這個道理，在你實踐時間運用術上面也是一樣的。若你的目的明確，就可以不用繞遠路，用最短的時間提高自己的工作效率；除了成果以外，你還能夠獲得一個極為充實的人生。

接下來，就讓你來試著思考一下「時間運用的目的」吧。

我們之所以要求要縮短時間，正是因為「時間有限」。每個人一生中所能運用的時間其實並沒有那麼多，究竟剩下多少時間，連醫生也不曉得。當你在閱讀這本書的同時，你所剩餘的時間也一點一滴在減少。這麼想的話，我們期望可以過一個「充實的人生」，不就是很自然的事情嗎？沒有人會希望自己只是不斷重複做著無聊的事情，迎來人生的終結吧。

當然，每個人對於「充實的人生」之定義都不相同，其中應該也有人認為「工作很忙碌=充實的人生」。可是現實究竟是怎麼樣的情況呢？仔細環顧周圍，你會發現有許多人都是一邊皺著眉頭一邊喊「好忙、好忙」，不然就是不情願地工作到三更半夜。

這麼看來，即使很忙碌，似乎也不等於「過著充實的人生」。

每當說起這些，我都會想到以前公司的上司。那位上司從早到晚都非常勤奮工作，然而我到現在依然鮮明地記得，在他快要退休時，有一次我們一起去聚餐，他非常後悔地說著，「要是我能夠多撥出一點時間陪伴女兒就好了」。

上司的女兒已經長大成人，現在也離開了他的身邊，而他最後悔的就是，他並沒有留下多少和女兒小時候的合照，甚至沒有什麼一起出去玩的回憶。

一直覺得自己「好忙、好忙」的人，在人生和工作的道路上，都很努力想要完成某個目標。然而到頭來，「工作」只不過是構成漫長人生中的一部分而已。不惜犧牲和伴侶、孩子、兄弟、朋友等重要人們的相處時間，也要將一切都奉獻給工作，仔細想想，這真的是件這麼重要的事情嗎？

每個人想要運用時間的目的都不相同。除了增加與重要人們相處的時間以外，無論是為了興趣還是畢生的志業，請大家都要記得，應該為自己重要的事情去撥出更多的時間。

當然，我想其中也有人希望可以在工作上達成某個目標。我並非想要大家把工作當成次要事項，或者是慫恿大家怠慢工作。我只是希望大家能夠重新審視，造成自己每天、每天都這麼忙碌的原因，真的和你要達成的目標有直接關連嗎？

在接下去閱讀本書之前，**我想讓大家再次思考，自己究竟是「為了什麼想要運用時間」、「運用時間的目的到底為何」**。

我相信，大家除了可以藉此感受到人生「品質」顯著提高以外，對於「自己為了什麼目的、應該怎麼做」，也一定會更有概念。

02 時間運用的三個必要「觀念」

在上一節，我們說明了想要運用時間的目的，正是因為「時間有限」。

在史蒂芬．柯維（Stephen Richards Covey）的名著《七個習慣》（*The 7 Habits of Highly Effective People*）中，提到了「要有結束的自覺」這個觀念。換句話說，就是**「要確實意識到自己剩下的時間，來面對眼前的事物」**。在思考運用時間的目的時，也必須要有這個自覺。

然而，就算你「確實意識到並面對眼前的事物」，態度太過消極也是不行的。為了能讓內容更加具體，我會說明以下三個重要的「自覺」。

①對於「想要完成某項目標」的自覺

只要是在公司工作的人，一定會有想要完成的某項目標吧。

而除了工作以外，你想要在人生中完成的成就又是什麼呢？對此我們必須要有明確的自覺。換言之，你必須了解對於自己來說，真正有意義的行動是什麼。

說到「想要運用時間」，並不是指你只要想盡辦法縮短眼前工作所需的時間就可以了，而是必須將焦點放在你工作和人生中想達成的目標上，再從別的方向來善用時間。

②對於「社會所要求之價值」的自覺

在第一項我說明了「想要完成某項目標的自覺」，而這和「社會所要求之價值」是密不可分的。

當你隸屬於一個社會團體之中，若無法抓到社會所需求的是什麼，就只能稱為一個失格的企業家。因此我們應該要明確知道社會要求何種價值，而不是自己所追求的價值。

為了滿足這樣的價值，我們勢必得思考要如何運用自己的時間。

③對於「眼前工作」的自覺

有了先前所說的兩項前提後，我們必須開始把目標轉向眼前的事物。本節開頭其實我就有說明了，請大家試著了解眼前工作的目的所在。

為什麼會出現這份文件？為何要開這場會議？我們都不能夠忘了這些事情的本質。

雖然有許多Toyota的上司會為下屬講解得極為詳細，但並非每位上司都是如此。也正因為這樣，我們要學著不斷地自問自答，才會持續進步。

請大家不要忽略了本質，試著改善有問題的地方，學著如何運用時間吧。只要你能做到這些，就一定可以創造出更多自由時間。

更詳細的部分我會於之後說明，不過只要大家都透過這三個自覺來思考工作和人生，必然會發現自己真正應該做的事。**反過來說，也能夠明確知道「什麼事情不該做」、「什麼事情不做也無所謂」**。

前面我有說到「想要運用時間」，並不是指你只要想盡辦法縮短眼前工作所需的時間就好，而這樣的思考模式會讓你有更正確的判斷。

03

Toyota的時間運用關鍵句 2

「努力，並不是要你流下許多汗水」

我相信大家都有這樣的經驗，例如社團、考試或就職活動等等，當我們在挑戰某項事物時，周圍的人們一定會對你喊「加油」。

當然，在職場上「加油」這個詞彙出現的頻率也非常高。其實你腦袋裡什麼都沒想，就對上司說「我會加油」，又或者對下屬說「要加油啊」，我們往往都是這麼做的，對吧？

那麼在職場上說的「加油」，具體而言是怎麼一回事呢；當你說「今天的工作也要加油」時，究竟要怎麼做，你才能回答「我已經很努力了」呢？

也許有些人會覺得疑惑，為何我們要思考這些事情？**然而實際上，這句話正象徵你有著無法從長時間工作中抽身出來的某個理由。試著思考看看吧！**

「啊啊，好忙！」

坐你隔壁的山田先生是一名業務，他每天都揮著汗水，忙碌地在公司工作到很晚。但是他卻沒有拿出什麼成果，必須賣掉的商品依然成堆放著。當然，這並不代表山田先生偷懶，為了要努力將眼前的工作完成，他根本片刻都沒有休息。

說到這裡，我們可以認為山田先生「很努力」。也許我們都會一邊想著「像他這麼努力的人，總有一天會得到成果的」，一邊在旁默默守護著他吧。你又是怎麼認為的呢？

雖然這很殘酷，但若以 Toyota 的工作現場標準來看，山田先生完全不能稱之為「很努力」。他只不過是流著汗，然後在公司來來回回走動而已。

當我還是個新人時，我就跟山田先生一個樣，不過我卻一次沒有被誇獎過「你真的很努力」。

說到為什麼，**這是因為 Toyota 要求的是「在公司不要流汗」這件事情。**

「努力，並不是要你流下許多汗水」。而這句話，正是讓你學會如何「縮短工作時間」並得以過充實人生的「時間運用關鍵句」。

你在公司就是要工作，自然得拿出成果。而 Toyota 的評斷標準，既不是你流下了多少汗，也不是你走了多少步。

在日系企業中，很多人都認為「上班時間＝工作」。

「每天都忙到這麼晚，真的是很努力啊！」、「六日也來公司，真了不起」……對這些話沒有違和感的人，可能要麻煩你們重新思考一遍。

我想有很多人都覺得自己「每天都很努力」、「比其他人做的事情還多」，甚至還會以此自豪，然而這些說到底都只是你的自我評價而已，著墨得再多，都不會有多大影響。

如同前面所說，既然是工作就一定得拿出成果，因此最應該被評斷的是「與成果有關的行為」。**在這個「與成果有關的行為上」你花了多少時間，才是最重要的。更極端點來說，「與成果無關的行為」應該全部捨棄掉。**

真正有工作能力的人，不會流下無用的汗水，也不會認為自己很努力就滿足。

然而多數人都只是胡亂地在工作，搞得自己很忙，還會覺得「啊，我真努力呢」，感受到一股虛偽的充實感。

一間公司的營業額如果沒有成長，就無法存活下去。從這點上來看，**我們的焦點不該放在你的努力和作業「量」，而是工作的「質」**。

看看先前舉的例子，山田先生完全做了「錯誤的努力」，最後導致所有努力都成為泡影。

公司經營者想要看的是結果和成果。工作跟社團、考試都不一樣，失敗的時候可不是笑著說句「真可惜啊！但我都這麼努力了也沒辦法」就能了事的。

只要你隸屬於一間公司，你就必須了解公司的需求，把重點放在「找出自己才有的價值」上，接著著手於眼前的工作，得出成果。若你沒有成功，就不會得到公司認可，就算年收入逐漸下滑，也不能有怨言。當你已經落得這般下場才想到「運用時間的技巧」，一切就都來不及了。

運用時間技巧是指能夠有效率處理大量的工作業務，換句話說，**即為減少「作業量」，製造出能夠專注於「工作本身」的狀態和環境**。若我們沒有好好理解「工作」這件事，即使有再強大的技巧，都無法派上用場。

也許大家每天的工作都極為繁忙，充滿麻煩的瑣事，但只要我們明白「應該朝哪個方向努力」，就能省去不必要的時間，就算不流一滴汗也能成為「很有價值的員工」。

面對一份誰都可以做的工作，即使你花再多的心血，公司還是會將你視為一個「不必要的人才」。希望大家不要再被「努力」這個曖昧的詞彙所迷惑，試著重新檢討現在的工作方式。

04

Toyota的時間運用關鍵句 3

「不要認為自己做的事情都是對的」

只要是在公司上班的人，每天都一定要做「通勤」這件事。說到這裡，大家每天都是幾點到公司的呢？八點半？九點壓線？以電車的情況來說，大概八點半左右就是所謂的「尖峰時間」。有許多人因為受到周圍的氣氛壓迫而露出了苦悶的表情，其中也有人無法忍受，最後選擇中途下車。

若是再加上車子故障或發生跳軌事件等等導致電車停駛時，那狀況就更嚴峻了。擁擠的月台被下達禁止進入的命令，車站周圍滿是人潮，場面顯得混亂不堪。

要說到為何會發生這樣的情況，原因在於大家都選擇同一個時間帶搭車，就為了趕上九點的上班時間。

接著，時間軸來到中午十二點。這回是公司周圍的餐廳擠得水洩不通，各家店鋪都大排長龍。即使是平常大家認為不怎麼樣的蕎麥麵店，一到中午就有一堆上班族擠著買餐券，而看起來極為高檔的義大利餐廳，則出現許多將錢包挾在腋下的ＯＬ們正在排隊。

好不容易等到午餐時間結束，馬上就要進行下午的工作，此時我們又可以看見人潮急忙忙返回公司的身影。

除此之外，如果我們在月底的發薪日那天到銀行去看一看，會發現ＡＴＭ前面又排著長長的隊伍，光是要領一個月份的生活費，就得花上好幾十分鐘。

這些情景司空見慣，大家是不是也覺得「理所當然」呢？

Toyota 從以前就一直告訴我們**「不要認為自己做的事情都是對的」**，而這也是我在本章所要介紹的 Toyota 第三個「時間運用關鍵句」。換言之，**我們必須對目前為止所做的事情抱持著懷疑的態度，並時常思考是否還有更好的方法。**

就拿前面的例子來說好了，我們可以發現共通點在於「錯開時間」這件事。要是討厭擠尖峰時段，我們搭早一班車去公司不就好了嗎？就算當時公司的鐵門還鎖著，也可以去附近的咖啡廳坐一下。這麼一來，我們就不會因為擁擠的電車而消耗無謂的體力。

而午餐時間，只要避開尖峰時刻就可以不用排隊，也能確實享受休息。

若我們要更進一步去「懷疑目前為止所做的事情」的話，其實午餐本來就不是非吃不可。以我來說，除非是在公司內解決午餐，不然我會選擇不要吃，這樣下午比較不會打瞌睡，也能將精神集中在工作上。在你不得不提高工作生產力的時間帶之中，若血液都集中在腸胃裡而不是腦袋的話，老實講真的很可惜。

至於銀行的部分，其實我們可以利用網路銀行；如果不是急需現金，只要去便利商店的ＡＴＭ提領出基本生活費就行了，這樣你也不必在尖峰時段去跟大家擠。工作上無論如何都必須與銀行接觸的人就先暫且不提，若你只想從薪水中拿一些出來生活，仔細想想，真的就非得在那天將薪水領出來不可嗎？有沒有可能只是你無法改掉

「一直以來都在發薪日領薪水」的習慣？

我們再舉一些其他例子，譬如說工作上常常會有的「會面」。

你認為在會面開始多久前要到達現場會比較妥當？反正來得及，只要三分鐘前到就好？還是十分鐘前到才能讓你安心？又或者是一般人都覺得較為妥當的五分鐘前呢？以我的狀況來看，我最晚都會在一個小時前到達。根據之前的行程而定，我有時也會早到二至三個小時。

一邊看著手機的轉乘資訊ＡＰＰ，一邊壓底線到達商談地點，這絕對不是件好事。像這種太剛好的行為，只要電車稍微延遲一下你就會遲到，路程中你也會非常膽戰心驚，即使搭計程車，也有可能會遇到塞車的情況。麻煩的是就算你只遲到一下下，還是得一個一個去連絡你的商談對象。

說到我提早一個小時到達商談地點會做些什麼事情，我大多會選擇到附近的咖啡廳工作，好好善用會議開始前的每分每秒。

也許有人會覺得「這不就代表出了公司還要繼續工作嗎」，但我還是要說，**實際上這兩項的「工作品質」完全不同。**

比起你在辦公室一邊想著「十分鐘內再不離開就趕不上電車了」一邊工作，在目的地附近你只需計算到商談地點之間的走路時間，擔心的事情減少，在工作上的集中力自然會提升。

提早到達目的地不只能讓你得以悠閒工作，若剛好附近有書店，你也可以順道去看看，提升自己的知識。

我們再舉個例子吧。以前我還沒在Toyota上班時，由於該公司的加班時數非常長，於是衍生出了將每個星期三定為「不加班日」的傳統。周遭的人毫無任何懷疑，全都抱持著「在星期三之前要減少加班量」的心態努力工作，但我總覺得這件事情有某種違和感。

所謂的「不加班日」，是以加班為前提而衍生出來的。

我認為「雖然我們總是在加班，但為了今天不要加班我們要努力工作」的這種想法，從根本上來說就不對。我們的目標應該是讓每天都變成不加班日，而不是只有星期三。

這個每星期三的「不加班日」，其實和酗酒者所說的「休肝日」有異曲同工之妙，言下之意是「喝酒並非不行，不過偶爾要休息」。但我們應該做的不是這些，而是和想要禁菸的人把菸蒂丟掉一樣，徹底解決「加班」這個問題。

我以前也是個會抽菸的人所以我很清楚，關於禁菸這件事其實有很多方法，譬如貼標語、改抽電子菸，以及看禁菸相關書籍等等。

同樣地，**在減少加班時間這件事情上必須付出各式各樣的努力，而這正是身為企業家所應該做的**。

只有星期三可以早早回家絕對稱不上完美。難道真的就沒有提早結束工作的方式嗎？我想一定是有的。

各位覺得如何呢？雖然我舉出了不少例子，但在工作方法上，其實依然有許多必須整體性重新思考的地方。

你到目前為止的工作方法真的是對的嗎？請大家試著再審視一遍自己的做法與想法，你做的這些事情，是否確實能達到想要的成果。

因為至今為止你認為理所當然的事情，並不代表一定正確。

05 別對必要性低的工作鑽牛角尖，要下定決心捨棄它

到目前為止，我說明了必須要對現狀抱持懷疑以及「改變作法」的重要性。

不過不僅僅是這些，也許我們還有「放棄」這個選項。

總之我們要試著放棄必要性低的工作，若發現對最後的結果沒什麼影響，那我們就果斷捨棄。

為了在短時間內提高生產力，我們一定要將重心放在「能夠影響到結果的工作」。不要因為「到目前為止都這麼做的」就懶得去改變，對於和結果沒有關係的事情，就徹底捨棄它吧。

在Toyota的工作現場，我也有好幾次選擇了「放棄沒有必要的工作」。

舉例來說，我當時的職位是技師，必須要定期去聽技術講習，而公司的傳統就是要在講習結束後提交相關報告。

然而有的時候，會因為某個前輩隨口說句「這份報告真的有意義嗎」，導致公司內部引起了強烈的討論。像這種情況，其實接下來應該做的事情，是調查這份報告可以運用在什麼地方上，無奈上司也很忙，根本沒有時間看報告，最後的結果往往就是將報告歸檔之後就草草結束。

最終這個傳統可以說完全廢除了，取而代之的是一種叫「報告會」的機制，也就是必須在前輩面前實際操作所學到的東西。

比起花時間寫一份紙本報告，實際動手做還比較合理，在學習技術的速度方面也會提升許多。

像這樣的案例不只會發生在販賣現場，白領階級所待的辦公室區域其實也可以看得到。

最常見的就是報告書和日報之類的文件。當然，若寫這些報告真的能得到什麼好結果的話，我們可以繼續這麼做，然而大部分的情況只是因為上司們會看，做下屬的不得不將報告生出來，說到底也只是為了滿足上司罷了。如果是這樣，我們真的大可不必做這種沒意義的事情，提議廢除會是個更好的選擇。

你工作的本質不應該是寫這些報告。重要的是如何從每天的工作中尋找課題並思考解決之道，想辦法得出一個好成果才對。

有很多我們一直以來沒有懷疑過的習慣，只因為深信這件事「有必要」、「很重要」而花費大量時間和成本，最終根本得不到什麼結果。我們不應該為了自己確信的事物和自我滿足而工作，試著腳踏實地做出一個成果來吧。

說到自我滿足，其實這個危險的思考模式已經在不少商業人士腦中蔓延了。

「雖然知道這件事情沒有意義，但如果我能完成這項工作，我的存在價值就會被別人所認同」。我相信很多人都抱持著這樣的想法而拚命努力工作，但這種自我滿足的行為真的只是浪費時間。

這樣的思維無論對公司還是自己都沒有任何幫助，到最後只會因為想要保護和滿足自己而給公司帶來麻煩。

如果你現在有相同的行為出現，我建議你可以和上司溝通看看，或是向管理職的人們提出你的問題，想辦法改變你的思考模式。

06

Toyota的時間運用關鍵句 4

「是否還有更輕鬆的方式呢？」

只要你改變「自己所做之事都是對的」的觀念，工作狀況就會越來越進步。**所謂「進步」，不僅可以得到更多成果，你的工作狀態也會變得「更加輕鬆」。**

也許有些人會覺得輕鬆工作是一種怠惰的行為，然而在 Toyota 時，公司總是會讓我們思考「是否還有更輕鬆的方式」，而這也是我在本章所要介紹的第四個「時間運用關鍵句」。

舉例來說，Toyota 製造工廠所使用的幾乎都是海外製作的高檔工具。

當然，公司本身也會分配給我們器具，只不過我們員工依然會自掏腰包添購海外的工具。

這並不是我們愛慕虛榮。我們發現使用海外的高檔工具不只能夠提高工作精準度，在進行同一項作業時也能更早完成，加上失誤率下降，我們就可以得到「時間」這個回饋。這就是為何前輩們總是告訴我們，「要盡可能選擇能夠維持高水準的作業工具」。我們將這句話謹記在心，從自己的薪水中撥出一些購買沒有那麼昂貴的工具，讓自己的工作變得更加輕鬆，自然就能創造出更多時間。我們可以看到，這是一個理所當然的良性循環。

在Toyota，我們落實的原則不是全盤接受賦予的環境，而是習慣時時抱持著懷疑，思考「是否有更好的方法」。

我想在各位的工作環境中，一定也存在著比現在工作效率更高的方式，就像我們使用高檔器具一般，也許只要善用一些什麼輔助工具，就能夠做到。

除了工具以外，像 word 和 excel 等常見的辦公文書軟體，每個人的使用方式都不大相同。

以前我曾經被某同事的工作狀況給嚇了一跳。他完全沒有使用鍵盤上的任何「快捷鍵」，只是不熟練地按著滑鼠，這很明顯會造成作業上的延遲，平白花費不必要的時間。電腦是個很方便的工具，根據不同的使用方式，應該也能夠縮短作業時間才對。

即使是平常用慣的軟體，只要我們試著去查有沒有更輕鬆的使用方式，工作效率就有可能顯著提升。

至於確認的方法有幾個。像這種類型的技巧，很多商業雜誌都會整理出一個特輯，若你去書店看一看，也有賣不少關於操作手冊的書。我們在使用這些工具書時，不用把整本都看完，只要稍微瀏覽一下目錄的地方，憑著直覺去找出你需要的內容就可以了。

除了軟體的使用方法以外，當你發現對縮短時間和提高生產力有幫助的書籍時，請在心態上積極一些，買下它然後確實看完（雖然這些書有可能不是以你為導向所寫的）。

如果你一直認為自己工作很忙，嚷著「才沒有那種時間」，一味拒絕接受任何新資訊的話，你就只能眼睜睜看著你的工作品質隨時間流逝而逐漸下滑。

我常常會聽到有人說「因為很忙沒有時間看書」，但我實在很疑惑，應該是「因為沒有時間看書才會變很忙」吧？

綜合以上所述，**要讓你變得更輕鬆，「對於情報的投資」是非常重要的**。在Toyota販賣現場工作的時候，大家也常常會自主購買汽車相關的雜誌，收集最新設備和保養工具等情報。

由於我本身就是轉職為一般上班族的案例，因此我會很積極地參加付費的企業講座，接收新技巧和新思維。要讓你的工作變得更加輕鬆，資訊吸收是不可或缺的。

當然，除了情報投資以外，還有很多可以改善工作情況的方式，**試著改變你對日常「行為」的看法就是其中之一**。

例如，你可以試試看賦予一些附加價值到你平常工作時的各種「行為」上。

若將日常生活中的各種行動組合在一起，還可能得到兩種以上的效果。

舉個簡單的例子，譬如「午餐會議」。如果你認為在午休時間自己一個人安靜吃飯很可惜，不妨就到公司內的會議室去，和客戶稍微開個小會議吧。

說到別的例子，就是在通勤時間看書了。若想要做點小運動，你也可以嘗試站著閱讀（不過就像前面所說，在尖峰時間的電車內你是什麼也做不了的，為此你必須要錯開這個時段）。

為了讓你能更輕鬆地工作，最重要的就是要常常將「透過雙倍效果來執行業務」這個想法掛在腦海裡。

07

Toyota的時間運用關鍵句 5

「時間就是動作的影子」

我從 Toyota 轉職到ＩＴ產業後，感受最深的就是「走路速度不同」這件事。

在 Toyota 的工作現場，每個人走路的速度都非常快。

其中一個理由是因為客人都在商品展示區等待的關係。由於該地還會接受換油等等的委託，有很多人在那裡等候，我們走路的速度自然就會很快。但我認為，僅僅這個原因是構不成理由的。

Toyota 從很久以前就有「時間是動作的影子」這句話，而這也是「時間運用」的第五個關鍵句。

你做得不好時間就會拖長，做得好就可以節省時間。這是一件理所當然的事情，而公司之所以會流傳這句話，這是因為對於時間有非常強烈自覺的原故。

Toyota 的工作現場有個文化存在，那就是要意識到日常中的每一個行為。

順帶一提，這裡的「行為」不只代表走路速度，還包含了「動線的選擇」，也就是你在工作時所考慮要前進的路線。也許有些人會認為「做這件事情並沒有什麼理由」，但如果我們想要儘量縮減時間，就必定得考慮這個問題。

既然你在 Toyota 工作，無論如何你都必須把「不要浪費多餘時間」的觀念記在腦海裡。

話說我在轉職成為上班族後，真的著實嚇了一跳，我看到許多人為了找東西到處閒晃、在走廊上磨磨蹭蹭……我不知道他們是不是累了。

要曉得，你在公司上班，即使是這些磨磨蹭蹭的時間，你依然領著薪水。這麼想的話，你就應該要把「盡早動身起來工作」這件事情放在心上才對。

接下來我要舉一個比較極端的例子：想像你正要搭電梯到三樓。電梯門在你面前打開，裡頭一個人也沒有，當你進到電梯裡面時，首先會做什麼事呢？

我想大家都會直接按三樓，也就是你想要去的樓層對吧。而我的話，首先我會先按「關」的按鈕，在門關的同時我才會按樓層按鈕。說到為什麼，是因為你直接按樓層按鈕的話，門還是會維持在開著的狀態，而這段時間就是浪費掉了。

也許有些人會覺得「這不過是幾秒鐘的時間」，**但在Toyota的工作現場，只要你注意像這些「動線選擇」的累積，最後你就能夠騰出非常多的時間。**

下一節就讓我把這個思維套在一般工作上來說明給各位聽吧。

08 即使是看不見的行為也要留心

在這裡，我會將「時間是動作的影子」這個時間運用關鍵句，套用在一般工作上，並舉兩個例子來說明。

說到無謂的動作，大家第一個會想到的大概是「信件」。由於沒有專人教你正確的寫信方式，大家的寫法一定會不相同。

如果是對外發的信，就沒有人可以指責你，但若是公司內部的信件，我們常常會對在信中寫上「真是辛苦你了」的人發出一些建議，例如「打這些文字的時間很浪費」等等。因為是公司內部的溝通，我們應該要馬上切入正題才對。

我們有一間合作的客戶，他們公司進行內部發信時，每次都會在署名的地方標註職稱，像是「營業部田中部長」這種形式。

仔細一看，還真的是每一封信都會這樣寫。我覺得很奇怪，於是就問說「為何連職稱都要寫進去呢」，結果對方給了我一個很曖昧的回答，說是「如果搞錯了就非常失禮」。

該公司每年三月都會進行帳目清算，到了四月，職稱和部屬都會出現很大的變動。因此每當要進行內部通信時，大家都必須看著員工名冊，一邊確認職位一邊寫信。

這不管怎麼說都是浪費了無謂的時間吧。「時間就是動作的影子」，比起做這些事，我們更應該要著手於能夠提高生產效益的工作才對。

這類沒有意義的行為，可不只有像信件這種可以從眼睛看見的事情而已。

還有一點在我們提升工作效率時不得不留意，那就是「身體狀況」。只要你的健康狀況良好，集中力就會提升，即使你花同樣的時間也能提高動作的價值，生產力自然也會增加。

我想誰都有這樣的經驗。一個不小心感冒了導致集中力下降，工作效率變差，根據情況不同，還有可能造成根本無法工作的局面。

其他還有因為牙痛惡化造成牙齒痛、前一天喝太多結果頭很痛、太過挑食導致口腔發炎等等……只要你的身體產生任何病狀，動作都會比平常還要慢許多，能夠工作的時間也會不斷消失。**因此我們理所當然應該認為，維持健康的身體狀態也是工作的一部分。**

舉例來說，還有睡覺和吃飯這兩件事。

我想很多人都會因為「太忙碌而沒有時間睡覺」，然而這只會造成惡性循環。不要太常熬夜，好好睡一覺，不但可以集中精神，還能提升你的工作效率。要知道，「正因為你沒有睡覺，才會變得忙碌」。

吃飯也是如此。若你因為太忙而常常吃垃圾食物等等，一定會對腦袋和身體造成不良影響，在工作表現上也會下降。

現在是一個大家都能夠吃飽的年代，不只食物的分量足夠，我們還有很多選擇。與其考慮「要吃什麼」，不如思考「不要把什麼放進嘴裡」還更來得實際。停止吃垃圾食物並選擇品質更好的食品，是提高生產力並落實時間運用的一大關鍵。

但我認為，實際上有很多商業人士並不這麼想。大家是不是都覺得，「工作都結束了，我要做什麼應該沒關係吧」？

那麼運動員的話又如何呢？職業棒球選手會因為在比賽中沒有獲得好成績，比賽後就選擇暴飲暴食嗎？或是在路邊的居酒屋裡面，一邊抱怨都是裁判的錯，一邊瘋狂喝酒？

像昭和那樣豁達的年代我們就姑且不談，不過以現代的運動員來說，他們一定不會做這種事情吧。他們多半會想在下次的比賽中拿出成果，然後重拾信心努力練習，我想大家應該有在體育新聞台上看過這樣的情景。

也許有些人會認為「因為他們是棒球選手」、「因為賺的錢不一樣」等等，我可不這麼覺得。無論是職業棒球選手、大聯盟選手還是企業家，「工作會留下成果，讓你得到報酬」這個道理都不會改變。

就算是商業人士，也必須面對工作時間這項「比賽」。他們要進行準備，而其中一項就是「調整自己的身體狀況」。

在第一章中，我依序介紹了「試著思考你的目的為何」、「努力，並不是要你流下許多汗水」、「不要認為自己做的事情都是對的」、「是否還有更輕鬆的方式呢？」、「時間就是動作的影子」這五個關鍵句，也就是我在 Toyota 所學到的提高生產力的思考技巧。

一開始我就有說過，這些技巧是我在本書中想要告訴你們的運用時間的重要基礎。希望你們能夠反覆多讀幾遍，好好理解其中的意思。

Chapter

2

加快時間運用效率的 Toyota「智慧改善技巧」

01 將誰都能做的「工作」轉為自働化

在第一章，我以「時間運用術」的五個關鍵句為主軸，告訴大家要如何透過這些思維過上更充實的人生。

希望大家能夠以這些思考模式為基礎，繼續往下閱讀。只要能夠運用時間，我們的目的也可以更加明確，自然會明白要如何增加工作效率。

在第二章，我會說明「Toyota的「改善」相關思考方式，並解說心靈的意義，藉此讓大家更具體了解第一章所介紹的五個關鍵句。

所謂的「改善」，是指將不必要時間節省到極致的「Toyota生產方式」之核心思想。其最大的特徵在於我們不會僅僅依照經營者的指示來做，現場的從業人員也會互相提出建議，以尋得更好的工作方式。

我在 Toyota 工作的時候，好幾次見證到了「改善」的瞬間，而我本身也有提過不少想法。

雖然「改善」這個概念大多是我在工廠等生產現場所學到的，但在本章我會用個人到目前為止的經驗來解說，讓辦公室工作者也能夠套入此思維，藉以提高每個人的工作效率。

首先我要介紹的是**「自働化」**這個概念。

在 Toyota 的工作現場，我們常常會把「人偏」這個詞彙放在心上，而「人偏」指的是「動」和「働」這兩個字的差異。若你在工廠只是心不在焉地工作，往往會被前輩指責「你這傢伙只不過是在『動』而已吧」。

我們不能只是腦袋空空地揮動著我們的手腳，而是必須要用腦袋來面對眼前的工作，並提出我們的想法，這樣才叫做可以提高效率的「働」。「働」能夠讓你提升效率，而我們的最終目標，就是讓所有的作業都可以自動化。

讓我用更簡單明瞭的方式來解釋。**若你只是做著誰都可以做的事情，那根本不叫工作。想辦法增加效率，思考要如何不花自己私人的時間也可以達成目的，這才叫工作。換句話說，指的即為「働」這件事情。**

更極端點來講，我們的目標是要將「沒有創造性的作業」全部轉為自動化。

因此在Toyota，我們不會用「自動」，而是用「自働」這個詞彙。

當一個人在工作的時候，常常會被眼前「不得不做的事情」所追著跑，不知不覺思考就停止了。正因為Toyota也有出現這樣的情況，公司才會教我們思考「是否有更好（更輕鬆）的方式」，以避免相同的情形發生。

舉例來說，我們有一項作業是汽車的換油。當我還在Toyota的那段時間，我一天得換個好幾回，有時候我也會思考究竟有沒有更輕鬆的方式。

在換油的時候，我們要把汽車升起來，並在車體下方裝入一個叫做「排油車」的裝置，是個可以接收老廢油的小腳輪。接著我們必須用工具把裝在引擎最下方的「排水塞」轉鬆，把油抽掉，再放到排油車裡面。

要轉開排水塞，我們就得從工具箱裡把需要用到的道具拿出來，但每次都要在工具箱和車子之間跑來跑去真的相當麻煩。因此我就在想，我只要先把排油車和需要的工具準備好，就可以把東西全部都放在車子裡面了。

當我把這個提案告訴前輩時，他們都回應我「這個想法不錯，試試看吧」，因此馬上就被採用了。於是我就拿出排水車裡面的掛鉤，把所有的工具都懸掛在上面。

這個做法，果然省下了我去拿工具的時間。

雖然只是短短幾十秒鐘，但因為是每天都要做的例行公事，這幾十秒對我來說真的影響很大。

剛才我所介紹的例子只是個在Toyota工作現場所發生的小插曲，這個思考模式在提升效率上都是不可或缺的存在，無論你身處哪個行業。請大家持續思考有沒有比今天更有效率的方法吧！在職場上，我們所要做的就是這樣的一個「工作」。

接著我要更具體來說明，如何將「自働化」套入到你的工作之中。

02 不要浪費一分一秒，首先就從微小的事情開始自働化

在每個人的工作當中，一定有所謂的例行公事，例如整理文件、決定數據的順序、統計規章等等業務。不過比起「工作」，也許我們更適合用「作業」來說明這些雜事。

以「自働化」的出發點來看，這些全部都可歸類成「沒有創造性的工作」。若你不是專門負責打雜的員工，花時間在這些事情上也太浪費了。**無論誰來做這些例行公事，我們得到的回饋都一樣，因此你根本沒辦法從這些事情上找出自己特別的地方。**

我們應該要以自働化為目標，慢慢縮短工作時間，才能把重點放在可以得出成果的業務上。

說是「例行公事自働化」，其實我們也可以不用想得太複雜，再小的事情都無所謂。

現在就讓我們試著想想在寫信時的情況。

「一直以來承蒙您照顧了，我是〇〇公司的ＸＸ」。到目前為止的人生中，我想你應該寫過無數遍這個開場白了吧。

看到這裡，大概幾乎所有人都會覺得「這種東西我根本寫到數不清了」，但若我們重新思考一下，在打這些文字的時間是不是很浪費呢？

以一天為單位來看的話，這也許沒什麼大不了的，然而當你把時間拉長到一個月、一年，你會發現你花了大量時間來做沒意義的事情。

要把這件事情自働化非常簡單，你可以試著利用電腦中的「字典登錄」功能。

只要你事先把「一直以來承蒙您照顧了，我是〇〇公司的ＸＸ」輸入到字典裡面，再按「ｏｓｅ」，就會跑出你輸入好的文字（ｏｓｅ為「一直以來承蒙您照顧了」這句話中日文原文的前面兩個字拼音）。

我再舉一個例子吧。以前，曾經發生過這麼一件事情。

某個新人在word裡把文章打好後，發現打錯了，必須將文章內所有的「A」都換成「B」。要修改的地方超過一百個以上，結果那個新人竟然就這樣一行一行找，然後再一個一個改過來。

我馬上阻止他，並告訴他可以用「Ctrl」+「H」把字全部替換掉，結果整個過程花不到一分鐘就完成了。如果我沒有注意到，那個新人就會繼續用這種土法煉鋼的方式，那就不曉得要浪費掉多少時間。

自働化的觀念不應該只用在打字上面。像公司內部溝通、經營、作業管理和行程管理等等一直以來都是用紙本作業的各種管理事務，我們也可以試著用ＩＴ系統來代替，思考能不能將其「自働化」。

如同以上所說，其實坐辦公室的人也可以將「自働化」的概念套用在自己的職場上，多多善用電腦的各個功能、快捷鍵和ＩＴ系統，一定會有很大的幫助。大家試著更積極地收集情報，然後盡情使用吧。

看到這邊，我想有很多人會覺得「什麼啊，原來你指的是這個」，感到有些失望。但是在這麼想的人之中，應該也有不少人沒有好好善用字典登錄功能、替換功能、快捷鍵和IT系統吧。

就像我先前所說明的，Toyota的「改善」觀念，其最大特徵在於將無謂的時間減少到極致。**就算只是短短幾秒鐘，只要你累積起來，就可以創造出非常龐大的時間。**我們不該浪費一分一秒，而是要學著去了解這些方便的設定，一點一滴減少我們的工作時間。

寫到這裡，我已經告訴大家各式各樣的工具和功能，**而在套用「自働化」這個觀念時，首先我們應該要做的事情是精細地分析自己的工作。**

像我本身在Toyota工作時，由於我的一舉手一投足都會被人看著，因此我常常會一邊思考究竟我到底有沒有「做了無謂的事情」，一邊進行工作。

除此之外，我每天下班後都會回顧自己一整天下來的行為，找出是否有必須提高效率的部分並尋求改善。

對於在閱讀這本書的你，我希望你一定要反省自己的行為中「有沒有能夠提高效率的方法」。

首先我希望你能夠注意到的一點是，當你發現更理想的方法時，不要只有三分鐘熱度。

為了要讓你盡可能習慣這個方式，請你建立一套「機制」。雖說是「建立機制」，但也沒有到「要套用在整個團隊全體上」那麼誇張。首先，你只要想辦法讓自己可以做到就行了。

習慣化的技巧就是製作「流程」。把你想要習慣的事情和「已經完全習慣的事情」做連結，變為一個流程。

在一開始時，最重要的當然就是要知道做事情的順序，而你反覆做過好幾遍之後，就會到達能夠「理所當然持續做下去」的狀態。只要你進到這一步，你就會下意識地動起你的身體了。也就是說，習慣化這件事情，即為不需要意識的狀態。

因此，若你將想要化為習慣的事情和平常下意識會做的事情連結起來，就一定能夠落實。

你必須像這樣思考「要怎麼樣才能夠習慣現在所做的事情」，並加以實踐。要到達這一步，你才可以說你已經「成功了」。

03 別想著「這並非我的工作」，做事效率就會顯著提升

當你去區公所之類的地方時，應該曾有過職員跟你說「這項業務並非在此窗口辦理，麻煩到那邊的窗口」，然後你只好到處轉來轉去的經驗吧。

這樣的事情我發生過好幾次，當我已經排好隊伍後才被人告知，真的會感受到強烈的無力感。

我常常聽到有人說「就因為這樣才覺得區公所真的很不會做事」，然而放任這種做事方法不管的單位，真的就只有區公所而已嗎？

大家至今為止都做些什麼樣的工作呢？我們都知道這個世界上有業務、經理、企劃、總務等等各式各樣的工作。

那麼，當你在上班時突然被委託了並非自己所負責的工作時，你會怎麼想？

大家應該會有所不滿，認為「為什麼非要我做不可」、「我手上的事情已經夠忙了」，其中也許有些人會像區公所的人一樣，因為「這並非自己的工作」而拒絕。

所謂「自己負責的工作」究竟是怎麼回事？我想，就是指除此之外的工作都不必做的意思。**事實上，只做自己份內的工作而不做份外的事情，說到底只會離時間運用越來越遠而已。**

我到目前為止無論是隸屬於哪個部門、擔任哪個職位、負責哪種業務，我都盡量不侷限自己的工作範圍。換句話說，這是一種「雖然不是自己負責的業務，但如果有必要我還是會做」的思考模式，而追溯到最源頭，就是 Toyota 長久以來一直在推廣的**「多能工」**概念。

多能工這個詞就像我們字面上所看到的，是指「附有多種能力的員工」，可以負責相當廣泛的業務內容。在 Toyota，公司會教育我們要知道怎麼做份內外的事情。

舉例來說，在汽車的製造工廠，公司會告訴我們組裝一台車時會用到的所有零件裝法。

除此之外，雖然我當時身為一個技師，我也要負責一部分的銷售工作。

我想有些人會有「負責自己份外的業務別說是縮短時間了，反而會給原來的工作造成困擾吧」、「要做的事情變多了，到底改善在哪裡」之類的想法，但請你反過來思考，如果你能以多能工的身份工作，就結果上來看是可以縮短時間的。這究竟是為什麼呢？

只要你身兼多項技能，就可以得到以下三個優勢。就讓我們一個一個來看吧。

①你所學到的各個技巧都會變得更加精深、廣泛

如果你只侷限在自己份內的工作，學到的就只有特定技能。讓自己身兼多種能力，你就可以一邊洞察周圍的情況一邊進行你的工作。

能夠洞察周圍情況的人，只會將自己負責的業務當成是「全體中的一個」，如此一來他就可以將此和周遭的情況結合成一連串的程序，不只能夠藉此學到經驗，還可以增進技巧，這無疑是一個良性循環。

②更容易產生你自己的想法

如果你一直都是做著同樣的事情，思考就會變得死板。透過不同技能去嘗試別的工作，可以刺激你的腦部，自然而然會出現一些新的想法，而這些想法會和運用時間有所關連。

③人際關係擴大，在關鍵時刻就容易得到幫助

你只要讓自己身兼多項技能，接觸各種部門的工作，和其他部門間的聯繫就會增

強許多。一旦和你有所聯繫的人變多了，當你需要幫助時，也會有很多人向你伸出援手。

你所做的事情會一直被周圍的人觀察，而且觀察的程度遠超過你想像。若你在平時就能用積極的態度接觸各式各樣的業務，相信周圍的人都會看見的。

因此當你發生緊急事態時，你會很容易得到別人的幫助，在解決問題的時間上也會急速縮短。

若你只是一味頑固地限制你的業務範圍，和周遭人們的交流也會有所限制，到最後很可能會造成工作延遲的情況。

從以上的事實來看，讓自己多功能化可以得到一些好處，而再進一步想，這些好處都能夠帶給你「提高個人附加價值」的利益。

如果以長遠的角度來思考，我認為「常常學習新事物」的人，最有可能發展成為能夠發揮自我價值的人才。只要公司能夠教育出許多自我發揮的人才，公司整體的潛力就會有所提升，因此一個社會組織積極教育多能工一定會得到很大的好處。

除此之外，我自己身為這樣的人，在實際工作後也感受到了「可以維持對工作之熱情」的效果。

我並非要用感情論來說明，只是如果你每天都在做同樣的事情，或多或少會因為太過制式化而感到疲乏。

多能工的工作方式，就是讓你可以再次認知到「自己的工作很有趣」、「很喜歡這份工作」，在維持你的工作動機上也很有助益。

吃飯這件事也是如此。因為一直吃同樣的東西一定會厭倦，於是我們會選擇一邊吃點小零食或喝點味噌湯，一邊把我們的主餐吃完，這樣我們在進食的過程也會變得更享受。

然而，我希望大家不要誤解一點：「多能工」的真實涵義，並不是要你「同時」做很多事。

有的時候我會在辦公室看到一直敲著鍵盤的人，看起來非常忙碌。這些人讓自己過分繁忙，沉浸在一股「自己是個勤奮工作者」的滿足感之中，但仔細一看，我發現他們同時在做太多件事情了，到最後工作進度根本一點進展也沒有。

人類的腦在進行切換的時候多多少少會需要一點時間，因此如果我們同時做很多事情反而會降低效率，導致花了更多不必要的時間。

若你是那種覺得「算了，反正工作本來就沒辦法自己選」、「我根本沒有時間做別的業務」的人，就算只有一點點也好，不妨試著下定決心去接受一些平常業務以外的工作，你就可以不枯燥地享受多能工的感覺，同時也能累積經驗。不僅如此，我想這些對於你所有工作的品質和效率都會有良好的影響。

04 有時間找藉口，不如思考「要怎樣才能做到」

只要開始工作，我們難免都會對「困難的事」和「認為無法做到的事」產生怨言。當 Toyota 工作現場發生這樣的情況時，我們會極度重視接下來採取的應對措施，而這也和「時間運用」有很強烈的關聯。

我們最不該做的事情就是堅決認為「做不到」，我們必須要說明「你認為做不到的理由」。

雖然這麼做有可能造成一個人拚死命地逃避責任，他們會認為「因為這樣才無法做到，所以不是我的錯」，但我要告訴你，這個「拚死命逃避的時間」根本沒有必要。說到底，周遭的人和上頭的人都不想要得到這樣的結果。

那麼，我們究竟要怎麼做才好呢？

我還在 Toyota 工作時，每當我碰到問題，我都會問自己好幾次「到底要怎麼樣才可以解決」。這是因為，找藉口的時間實在太浪費了。

以前曾經有過這麼一個小插曲。

那時候，我正負責某個客人的汽車整備工作。對方預計隔天要到很遠的地方出差，但一檢查車子的狀況，卻發現剎車片太薄，車況非常危險。

這種情況下當然要更換零件才能解決，沒想到查了庫存後發現竟然沒有貨了，通常要進行調貨，都得花上差不多兩天的時間。

此時客人就露出了「明天不得不出發，真的很困擾」的表情。

我相信不管在哪個職場上，應該都有發生過類似的情景。如果是你要面對這樣的突發狀況，你會怎麼做呢？

由於零件配送的時間無法縮短，也許我們就真的非得以此為理由向客人道歉，而對方大概也只能說句「沒辦法」之後就放棄吧。

然而我是個平常就會把「思考要怎麼做才能解決問題」這件事放在心上的人，所以我的字典裡面是沒有「放棄」這個選項的。

「既然客人明天一定要出差不可，那我要怎麼做才好？」為了解決問題，我絞盡了腦汁。

即使如此，以目前進行零件進貨的通路來看，鐵定趕不上明天。於是我開始打電話給其他分店，確認還有沒有庫存。

就這樣，我終於在打到第八間店的時候，得知他們店裡還有貨。

我將手頭上要處理的事務往後延遲，立刻去那間店拿零件，最後順利地在當天幫客人把剎車片更換完畢。

想當然耳，客人非常高興。除此之外，我們也省去了要考慮「怎麼拒絕客人」和「拒絕理由」的時間了。

我們不應該在一開始就決定要「拒絕」並思考「要使用什麼樣的理由」，真正能夠縮短工作時間的方式，是想想「要怎麼樣才可以解決問題」。

這個道理，就是我希望所有商業人士都能學習到的改善智慧。

舉例來說，假設我們在每週初都要開會的情況下，即使你在那邊想「星期一的會議真的好討厭啊！在開會的時候一定會被罵吧。有沒有什麼可以不用開會的方式啊……」這種消極的事情，時間也只會白白浪費掉而已。

這時候我們應該要做的是考慮「要怎麼樣才能讓大家在開會的時候接受我的意見」才對。只要你能有這個想法，你就會進行某些調查或是做某些資料，來當成是開會的「預習」。

只要你在開會前充分地預習過了，對於自己的意見就能懷有更多自信，不管被問什麼問題你也能夠立即回答。若參加者全員都有預習過，會議就得以順利進行，開會時間自然也縮短了。

當然，你採用這種思考模式，帶來的好處可遠遠不止這些。

下一章節就讓我來說明利用此改善智慧，究竟能得到什麼樣的效果與效能吧。

05 思考「要怎樣才能做到」，會改變你的人生

只要你能善用「要怎樣才能做到」的改善智慧，你的工作、周遭環境和人生都會出現戲劇化的改變。也許有些人會覺得「不可能這麼誇張」，但這是事實。當然，我本身也有實際體驗過。

就讓我把這種效果與效能，整理成五個容易理解的要點，依序介紹給大家吧。

①學會依賴別人

面對一個乍看之下非常難以實踐的業務，若你從「要怎樣才能做到」的視角來看，你通常會得出一個結論，就是「雖然只靠自己一個人無法完成，但我只要尋求某

人的協助也許就沒問題了」。

如果你能夠順利得到別人的幫助，工作效率自然也會提升。

只會想著無法做到並找藉口的人，常常會擅自認為「自己可能會造成別人困擾」、「這樣做可能會被別人討厭」，而事實上，真的有許多人極為不擅長向別人尋求幫助。

反過來說，會思考「要怎樣才能做到」的人，會習慣把完成眼前課題這件事情放在第一位，往往沒有任何猶豫，就抱著「總之先拜託看看」的心情而動身起來。

事實上，有不少人意外地都「希望被人家拜託」，基本上無論被委託什麼事，都不太會擺出嫌惡的神情。當然，若我們就這樣把工作全部丟給別人來處理絕對不是一件好事，但如果互相合作可以提高整體效率的話，那就沒什麼好拒絕的了。

除此之外，我們通常會藉由委託別人來減少「獨自煩惱的工作和課題」，心情輕鬆起來後思考將會隨之清晰，集中力也可以提升，就結果上來看，工作效率一定是增加的。

②不用多花時間沮喪，進而衍生出許多有效時間

工作不是一個機械式的拼圖，誰都有可能面臨不順手或沮喪的時候，這種情況下工作也很難順利進行。

不過只要我們思考「怎樣才可以做到」，我們就會發現「其實發生的問題到頭來都只有一個，只是解決方法不同而已」這個結論。

若我們能這樣想，就會減少為每件事情一個一個感到沮喪的時間。無論發生什麼麻煩我們都可以迅速切換心情，工作的效率自然會提高許多。

當我們能夠熟練地把「沮喪得不得了」、「該怎麼辦」、「下次再說吧」這些心情轉換掉，就能夠創造出更多的時間了。

③想辦法把失敗和成功連結起來

若我們一直把焦點放在「為什麼做不到」，就會無法跳脫過去，變成一直從過去來探討失敗原因。

反過來說，如果我們可以思考「要怎樣才能做到」的話，就不會執著於過去的問題點上，轉而將重心放在展望未來，藉以解決課題。

然而即使說是「展望未來」，也不代表我們就可以「完全不回首過去」。我們應該要找出問題的癥結點，並思考可以向前進的對策。換言之，這樣我們就不需浪費時間在「被過去的問題所纏住而停止思考」上面，而是將時間花在改變未來上，同時進行我們的工作。

只要我們著眼於未來的目標，自然而然會把過去所有發生的事情都轉為有意義的。「自己曾做過的事情並非沒有用」、「自己的經驗可以成為武器」，若你能夠這樣思考的話，對於接下來發生的任何事情我們就都能夠微笑以對了。

④多多接近思考正面的人

有句諺語叫做「物以類聚」，是指人類會和與自己相似的人在一起，因為相處起來比較舒服。只要你能夠抱持著正面想法，隨時思考「要如何變得更好」，那麼你身邊就會聚集許多與你有相同思維的人。一旦你用正面能量來面對事物，負面思考的人就會覺得和你在一起並不合適，對方最後會自己和你保持距離。

只要你能夠確實向前看，身邊也充滿這樣的朋友，你不只能夠更快速解決問題，還能透過團隊合作提升你的能力，對你的自我成長也會有所幫助。

⑤起床起得早，從早上開始就精神滿滿

透過到目前為止所介紹的四種效果，你會變得能夠積極面對工作，當然你從早上開始就會感到精神奕奕。你的正面能量可以讓你享受工作，因此你會自然而然養成早

起的習慣。若你是正在閱讀這本書的讀者，我想我也不必特別說明善用晨間時光的重要性了吧？

早晨起得早，可以享受陽光的機會就增加了。朝陽會重整你的生理時鐘並活化你一整天的腦內活動，讓你成為一個容易清醒的人。只要你從一大早就精神抖擻，工作狀況當然也會好了。

各位覺得如何呢？**光是學到了「怎樣能變得更好」的改善智慧，就不只能夠提升你的工作效率，甚至連周遭環境和人生都徹底改變了。**

讀到這裡，我想依然有很多人會想「這是真的嗎」、「調整一個想法真的可以改變這麼多嗎」等等，心裡抱持著懷疑。

然而就像我前面所說的，這些都是事實。

即使是那些很喜歡找藉口的人，把「怎樣變得更好」的思維養成習慣也並非那麼難的事情。只要從日常生活開始注意，你自然可以看到變化，甚至再多花點心思，你的工作和人生會如同加速度般地朝著好的方向前進。

這類型的人可以說人生過得非常充實，因此他們能夠越來越享受工作，並落實時間運用的技巧。

06

思考「為何會成功？」

我想每個人都有回顧並反省過去失敗，進而思考改善策略的經驗。當你在反省的時候，只要用某種程度的客觀視角來省思，就會發現問題點所在，而你甚至會出現「如果我當時這麼做就好了」、「下次開始就這麼做吧」的想法。

為了解決困難的問題，市面上充斥著像是「解決問題的思考技巧」這一類的產品，大概有不少人會購買這些外商諮詢公司出身之作者所寫的書籍吧。

在Toyota也存在著許多解決問題的方法，而這部分我會於第四章詳細解說，在這裡我想先問你一件事情。

你對於過去「做得很成功的事情」，有好好分析過為何會這樣嗎？

會做這件事情的人意外地少，這個動作我們稱之為「成功分析」。

面對失敗，大多數人會認為這是自己搞砸的後果，因此感到痛定思痛。然而若你成功了，也許是因為自己的行為或某項提議導致，又或者是受到了誰的幫助，更有可能是因為其他影響更深遠的原因，只能說這種情況大多很難去判斷，在分析上也不容易。

事實上，Toyota 在成功分析這部分花了很大的心血。除了販賣現場外，即使普通職員都非常積極在落實，無論是關於業績提高的原因還是改善利益率，我們都會分析事情的原委，了解成功原因。

只要你知道成功的關鍵，就能教給全體員工，整個組織也能更快速達到成功的階段。除此之外，這也可以解決每件事情間的不平衡，穩定我們的產出結果。

隨著成功案例的累積，你會得到更多自信，成功的機會自然會增加……你會像這樣，進入一個「良性循環」。

在這裡，我們就試著具體思考一下「成功分析」的必要性吧。

譬如以營業活動為例子如何？

在販賣的現場，大家都會要求提升「契約率」，指的是預約人數和簽約人數的比例。只要能夠提高這個數字，就可以說我們的營業活動成功了。

假設你是站在統籌營業部的立場來看，當你被經營者要求要提高契約率時，你會怎麼做呢？

我想大部分人會因為契約率太低，為了彌補這個差距，就命令下屬要「跑更多業務」、「總之先去發名片」之類的，藉由「毅力論」來增加預約數量。

然而這個做法並不會導致契約率提高。**說到原因，是因為被你命令要去搶預約的下屬們，只不過是多打了幾通電話而已，完全沒有改變任何做法**。在這裡我們要求的是契約率，無論你增加了多少預約數、面談數，最終的結果也不會提高，而這種作法甚至會讓你的工作現場充滿疲憊氣氛，無法持久。

那麼我們究竟該怎麼做才好呢？從根本上來講，我們必須要分析狀況好的時期和成功之人的關鍵所在，並將成果分享給全部的營業負責人才對。

我們可以藉此改善提案書，當各個業務負責人的說話技巧和商談能力提升時，離成功的道路就更近了。

而既然決定要這麼做，我們就必須要增加行動量。

各位覺得如何呢？是否有確實理解到「成功分析」的重要性？

不過雖說如此，我們還是不曉得具體而言要怎麼去進行「成功分析」，對吧？下一節我就會為各位詳細解說做法。

07

分析成功的祕訣，首先就由「分解」開始

那麼，所謂的成功分析究竟要如何進行才好呢？

成功分析的作業程序，與其說是「分析」，可能說「分解」還比較恰當一些。

當你在進行成功分析的時候，首先要從分解出好幾個成功經驗開始，而這個過程在ＮＬＰ（神經語言程式學）的領域中，被稱做「chunk down」，中文名為「向下歸類」。我想應該有不少人聽過ＮＬＰ，這在商業領域中常常被活用於自我啟發和溝通技巧的範疇裡面。

所謂的「chunk」，是指集合好的「群體」，而「chunk down」是把複數的事物群體進行分解、分割的動作。

那麼，我就一邊舉例一邊讓大家思考何謂chunk down吧。

假設某間糖果公司曾出現了一個成功案例，就是「新商品的巧克力點心銷售狀況比預期中還要好」。

如果我們要將這個案例進行向下歸類，我們就得一個一個考慮可能與商品銷售狀況有關的影響因素。

「因為巧克力的味道很好」、「包裝讓人印象不錯」、「請搞笑藝人拍的廣告大受好評」、「有上架的連鎖超商本身銷售狀況就很好」、「在千葉縣賣得特別好」……等等，必須要一邊分解銷售狀況，一邊分析成功的原因。

接著，我們再從這些原因之中，思考哪一項對於販賣的貢獻最大，這樣就可以了解巧克力餅乾之所以成功的理由。

那麼，我們再以「因為做出來的簡報大成功而受到廣告業主誇獎」這個狀況為例好了。先將做簡報這件事情進行向下歸類，可以分成「製作企劃書」、「做簡報的技術」和「團體合作」等等好幾個構成要素。

接著，我們必須調查在這些要素之中，哪一項對於贏得廣告商的影響最大。

假設我們知道對方是因為「簡報報告負責人的說話方式讓人感動」的話，就可以在公司內拓展負責人的說話技巧。

若我們遵循以上步驟提高成功的再現可能性，就能離下次成功更接近，而不需花多餘的時間。

我想有許多公司在獲得成功以後，一定會想著「太好了」、「萬歲」，於是舉辦慶祝餐會，直到大家都喝得醉醺醺以後才結束吧。

只要你能夠把這次成功當成是下次成功的墊腳石，就絕對不會慌亂，冷靜地進行分析，並建立一個良好循環。

08 透過「基準化分析法」讓你更快接近成功

所謂「運用時間」，就是要尋求每個工作環節的效率化，藉以提高整體的速度。不僅僅如此，這在「獲得成果的道路」上也是一件極為重要的事情。

為此，「基準化分析法」的概念就會非常有成效。

簡單來說，**基準化分析法是用仿效成功案例的方式來邁向成功**。在開發商品時，如果完全抄襲別的公司會有法律和道義上的問題，不過只要藉由仿效的方式就能避免這些情況。

我想你在剛進公司的階段，一定也有「一邊看著前輩的身影一邊學習成長」的經驗。而這個學習對象不只是前輩，也有可能擴張到別的公司或是業界。

這和前一章所介紹的「成功分析」頗為相似，不過成功分析是藉由了解自身經驗的成功原因來提高成功再現機率，而另一方面，**基準化分析法是從別的公司或業界學習成功祕訣，進而讓你自己越來越接近成功。**

很多人都知道日文中「學習」這個詞彙的語源是來自於「仿效」，為了成長所進行的學習更是「一邊仿效他人，一邊習慣其做事流程」的一個過程。為此在學習方法上，「把真實目標當成你的範本」是一個極為有效的方式。

Toyota 以前去美國進行勘查時，就學習到了他們的「市場庫存管理方法」，並改良成自己公司獨特的一種管理方式，也就是有名的「看板法」。

不只是 Toyota，在製造業界中，也常常實施各種「dead copy」的工作，中文翻做「抄件」。所謂的抄件，是從零件和製品的大小到材料為止進行分析，並複製出完全一模一樣的物品。因為是完美複製，我們會追蹤最高檔的零件和製品是如何設計並製作出來的，藉以徹底學習「何謂完美的設計」。

曾任職於生產iphone的蘋果公司，史提夫・賈伯斯（Steven Paul Jobs）也說過「盜取一個完美的想法，並不是件可恥的事」。連賈伯斯也不是從零開始思考，而是結合其他公司的技術，衍生出了一個全新的概念。

以全公司徹底實踐「基準化分析法」為名的公司是內衣製造商黛安芬。連續十九年保持著收益增加的紀錄，目前正擔任社長一職的吉越浩一郎先生，就以「TTP（徹底盜取）」的方式表現出基準化分析法的結果。

我們甚至可以說，他是因為將其他公司成功案例分析得極為透徹，才能得到增加收益的成果。

我認為大家也應擴展視野，學習各式各樣的成功案例來鋪好能夠帶來成果的進路。找出其他公司和部門之所以能夠「順利進行」的方法，並試著將其轉為自己的東西吧！就算環境或狀況改變了，你也可以像Toyota一樣，只要是「個人獨特的事物」，就可以隨著情勢變化。

當然，這個觀念也可以適用在企業家個人的技巧提升上。**透過分析「成功人士的生活型態」，你自己也可以快速提高表現的成果。**

要具體介紹我為了提高工作表現做了什麼樣的基準化分析，我會舉幾個真實案例來說明。

首先是「睡眠」。

成功人士和因為勤奮工作而得到成果的人們，常常會給人「很珍惜睡眠時間」的印象，然而當我實際上去問他們以後，才知道有許多人是「有技巧地睡覺」。

大家常常會把「睡眠時間能夠提高工作效率，因此不能隨意減少」這句話掛在嘴邊，而我也因為這樣，對睡眠有很深的堅持。現在我每天至少會睡六個小時以上，休假日也會和平日同一個時間點起床。不僅僅是睡眠時間，我對枕頭和棉被也很要求，一定會選擇能夠提高我睡眠品質的東西。

另外，為了避免會刺激神經並妨礙舒適睡眠的藍光，我在睡前不會看電視和手機，而是想辦法讓自己趕快入眠。

不只如此，我發現成功人士之所以能夠集中精神在工作上，是因為有著「營造良好環境」這項共通點。

例如有些人在埋首工作時，會習慣一邊聽莫札特的音樂一邊做事。

而在一個星期的行程中，也有不少人一定會安排一些空檔讓自己頭腦放空和活動身體。為了讓腦袋休息，他們會確保自己有留下可以進行馬拉松或鐵人三項等等的運動時間。

仔細回想起來，在Toyota的販賣現場，大家也是從很久以前就養成了於午休時間時打排球的習慣。如果你能夠想到這些做法的話，其實要讓下午的工作集中精神，進行一些事情讓思緒轉換應該會有所幫助。

我本身在營造工作環境這件事情上也有所堅持。雖然不像前面所說的莫札特，但我會根據工作類型來選擇適合的音樂；當我需要非常集中精神時，我會使用能夠排除不必要聲音的「耳塞式耳機」。

另外，在工作上表現傑出的人，對於情報收集的方法也有一些共同特徵。這麼說可能會讓人覺得有些意外，不過能夠拿出成果的人通常不會特別篩選情報，而是盡可能接觸各式各樣的資訊。

如今是一個資訊爆炸的時代，大家都會推崇要限制所取得的情報量。我想有些人會聽過「杜絕手機」這個詞，但我所訪問到的人們，都習慣每天要接觸大量的情報。

當然你有的情報越多，就越可能接收到沒有意義的資訊，然而若你真的全盤阻擋的話，就沒有辦法馬上浮現出一些好想法了。他們的做法是一邊接觸大量情報，一邊想著「要如何提升高品質情報的比例」而行動。

知道這件事以後，我也開始注意讓自己吸收各方面的資訊，並判斷該資訊是否真的需要。你可以藉此鍛鍊「自我思考能力」，學習所謂的媒體素養。

就如前面所說，我本身也是像這樣分析成功者的行為，然後想著要如何提高工作效率。

請你也務必參考這些案例，試著去基準化分析工作能力強的人吧。

在第二章我說明了「自働化」、「多能工」、「思考要如何才能做到」、「思考為何會成功」和「基準化分析法」，並透過我在Toyota所學到的五個關鍵句，「改善」我的工作，落實時間運用的技巧。

下一章開始我會以到目前為止的內容為基礎，具體解說要如何將Toyota的時間運用術套用在你的工作上。

Chapter

3

人人都適用的 Toyota時間運用術

01

Toyota的「捨棄文件技術」

到目前為止，我以Toyota的思想為中心，說明要落實時間運用時不可或缺的技巧。接下來我會具體告訴大家，應該如何把這些秘訣都運用在你的工作上。

首先，就讓我告訴你一個你會很有興趣的數據。

我們每年平均花費「一百五十個小時」在做某件事情。你知道這個數字代表什麼嗎？

其實這是商業人士在一年中，找東西時所花的平均時間。假設我們一個月工作二十天，一天做八小時，總共一百六十個小時。也就是說，一個正常的商業人士在一年之中，幾乎花了一整個月的工作時間來「尋找東西」。

順帶一提，這裡所說的「東西」，是包含文具等等物理上的「東西」，以及電腦中的資料夾和信件等無形的「東西」。

無論是哪一種，這些用在「找東西的時間」，都不能說是「為了得到成果所付出的時間」。

另外我在第一章有寫到希望大家「一起過充實的人生」，而「找東西的時間」，跟「你人生中充實的時間」更是八竿子打不著關係。

只要你回想我到目前為止所說明的 Toyota 運用時間技巧並加以實踐的話，我認為你應該會盡可能將無謂的時間縮減為零才對。

在本章我會介紹如何把工作上浪費的時間減少到極限，以達到運用時間之目的的各種方法，而首先我就要從整理身旁物品開始說明。

Toyota 從很久以前就有這麼一句話：**「不要找東西，要拿東西」**。

這並不是「減少」你拿東西的時間，而是將其變為零，讓你得以「在一瞬間拿到你所需要的物品」。

要整理周遭的物品，並達到剛才所說的那種狀態，首先你要做的事情是環顧你工作範圍的半徑一公尺。

各位覺得如何呢？你的桌上是否堆滿了和山一樣高的資料？至於抽屜裡面的東西各放在哪裡，你有辦法立即回答出來嗎？

桌上資料堆積如山的人，以及不曉得東西放在哪裡的人，你們的當務之急是要把東西「丟掉」。

尤其重要的是丟掉不需要的文件。**一般而言，一個企業家桌上所擺放的文件，有一半以上都是直接丟掉也不影響的東西**。換句話說，你的桌上根本堆滿了一堆不必要的物品。

「就算你這麼講，還是有很多丟不掉的啊……」我想可能會有人這麼想吧。而對於這種類型的人，我認為最好的方式是先制定一個自己的規則。

「無法丟掉東西」的人在很多情況下，只是缺乏一個判斷東西能不能丟的標準而已，因此會一直抱持著「也許哪天還會用到」的不安感，最後就不敢丟東西。

說到這裡，究竟要決定怎樣的標準才好呢？當然決定的方法會根據行業類別和職稱等工作內容而有所不同，我就給大家一個提示。在 Toyota 自然不必說了，其他製造業的工作現場也常常會用到一個方法，就是「依照身分決定場所，設定自己的目標」，接下來就讓我詳細介紹。

雖然這終究也只是一個案例而已，不過首先我們可以在桌角和腳邊放一些小小的紙箱，當作東西的「臨時保管所」。

若你發現了很難判斷要不要丟掉的文件，就先把它放到臨時保管所裡面。接著在自己所規定的時間、星期或日期內重新整理一下，把從來沒有用過的文件丟掉。

舉例來說，你可以定一個像這樣子的目標：每週一早上檢查一下臨時保管所，把一次都沒有用過的東西丟掉。

我想有些人一開始一定會覺得不安，想說「這樣丟掉真的好嗎……」，不過我還是請你下定決心把它丟掉吧！**只要你試著想想看就會明白，這個世界上幾乎沒有「如果我沒丟掉就好了」的東西。假設真的有，也一定有辦法可以解決問題。**

只要你能注意到這個事實，你的疑慮就會減少，放進「臨時保管所」的文件也會漸漸變少，到最後你就能縮短檢查臨時保管所的時間。

話雖如此，若你正在工作中，一定會出現「無論如何都判斷不出要不要丟」的文件。這種情況下你可以試著把檔案電子化，這樣就能丟掉紙本資料了。將檔案轉成PDF檔，在磁碟或雲端內建立資料夾並保存起來，就能夠很輕鬆進行管理。

總而言之，你在桌面上堆滿文件都是很NG的行為。首先你的目標，就是把桌面整理成沒有不必要文件的狀態吧。

當然，在那個臨時保管所中，你也可以放入文件以外的東西，例如「只有黑色沒水的三色筆」、「從抽屜中找到的好幾個橡皮擦」、「買飲料送的公仔」等等，如果你桌上有一些雖然沒有用到卻丟不掉的東西，就下定決心把它們裝進去吧。

除此之外，這個方法也可以適用於清理電腦中的文件。

很多人常常把桌面塞滿資料夾和無關緊要的圖片，這樣會導致你很難找到需要的軟體或資料，當你要用的時候也無法立即打開。

因此我們可以像處理紙本資料一樣，在電腦內建立一個「臨時保管資料夾」，將一些不曉得要不要刪掉的東西暫時保管在裡面，等一段時間過後再把沒有用的東西給刪掉。

只要你能養成這個習慣，你的桌上和電腦中不必要的東西就會急速減少。一個小箱子根本不需要花多少心力，也不用什麼技巧，因此桌上亂糟糟的人，請務必從今天開始進行整理。

02

必要的東西要「簡單明瞭」地收納

若你能夠落實到目前為止我所教你的方法，你桌上應該就不會再有不需要的東西才對，這樣你也可以進入「不要找東西，而是拿東西」的狀態。

所謂整理東西，就是要把物品簡單明瞭地收納起來。**在這邊我所說的「簡單明瞭」的狀態，指的是你可以馬上知道你的東西放哪裡，並立刻把它拿出來**。換句話說，即為「不要找東西，而是拿東西」。

在這裡，我會告訴各位幾個在找東西時會花大量時間的案例，譬如文件、名片、電子檔案等等要如何進行整理。不過在那之前，還是讓我們再確認一遍整理東西的目的吧。

首先我希望大家思考的是「假設你沒有整理身旁的物品，會發生什麼問題呢？」**你日常的工作中，若花在找東西的時間上太長，你本來能夠做的事情自然就沒時間做了。**因此，你不得不丟掉一些東西，或是整理你身旁的物品。

所謂的時間，在價值上來說並不相同。其實我也告訴過各位非常多次，只有跟成果有關連的時間價值才會高，若非如此，你的時間根本沒有價值。

就如同以上所說，我們要增加「可以使用的時間」，即為「可運用時間」，並盡可能思考要如何利用才能得出成果。為此，我們必須要進行一些物品整理以及情報整合等等。

若你忘了這件重要的事，最終只有整理周遭物品的話，就無法善用你好不容易新創造出來的時間了。

在第一章我已經說明過，首先我們要了解目的，才能做出有成果的事情。

接下來，就讓我來具體說明整理的秘訣吧。

●文件

在上一節，我已經告訴大家捨棄不必要文件的方法。然而就算你把這件事情當成習慣，但卻沒有確實將桌上剩下的必要物品進行整理的話，沒用的文件就會像殭屍一樣復活，繼續堆積在你的桌面上。

即使是現在你需要的文件，也有可能隨著時間而變得不再需要。這時候若你沒有簡單明瞭地收納，就會變得沒辦法丟，最後全部殘留在桌上。

其實要簡單收納文件的秘訣非常簡單，即為「立起來保管」。實際上，Toyota 工作現場所使用的文件，幾乎都是立起來保管的。

如果你把它平放，就算你知道放在哪裡也很難拿出來，甚至常常會導致物品崩塌。再加上你會一直把新的文件往上疊，最後你就越來越不曉得堆在下方的文件是什麼了。

為了避免這個情形發生，Toyota 都會準備可以收納的資料夾，並在書背上寫名稱以方便管理。習慣將文件堆在桌子角落的人，請務必善用資料夾之類的工具，學習收納的方式吧。

●名片

即使是「遞名片」這個行為，也有可能浪費不必要的時間。

在我以前上班的公司，有一種職位的人是負責在必要時，可以從如相簿般厚的名片夾中迅速拿出名片並進行管理的工作。而在我的印象中，那個人工作時一直都在找名片。

我對於他所做的事感到不可思議，而當我仔細觀察後發現，他常常在找的時候注意一些毫不相干的事情，譬如「咦？這個人現在是做什麼去了」，或是「我記得這個人已經辭職了啊……」，結果到最後他已經搞不清楚要找誰的名片了。我真的很懷疑，工作中他到底都在做些什麼。

當你做這種事情的時候，你根本不會有任何的生產性可言。

為了落實「不要找東西，而是拿東西」的想法，並將名片進行簡單明瞭地收納，最好的方法是透過數位化管理。這樣一來，你只要打出公司和姓名等等的關鍵字，就不會有所疑惑或者繞遠路，能夠用最短時間找到你所需要的名片。

你可以在路上看到很多能進行數位管理的工具，請你試著尋找出適合你的並積極去使用它吧。雖然一開始你必須先進行「掃描」之類的動作，然而只要你將其數據化之後，接下來的工作都會瞬間變輕鬆。

另外，在管理名片的方法當中，你也可以把資訊上傳到雲端，再透過手機去搜尋。根據公司狀況不同，也許有些人會因為情報管理的觀點而無法使用這些工具，但如果你沒有這樣的限制，我真心建議你可以試著使用看看。

只要你這麼做，就不會發生「非得回到辦公室才能知道連絡資訊」的情況，當你外出會面的客戶職位和部門有所變更時，你也可以在忘記之前趕快進行更新，管理上也會更有效率。

●電腦內的資料夾

我們可以將文件和名片之類的東西並排整理以減少尋找的時間，那電腦中的文件又如何呢？

「我不記得把東西放在哪裡了」、「忘記檔案名稱害我無法搜尋」、「桌面全被軟體給塞滿了，我都不知道什麼東西在哪裡」……我想很多人每天都會出現這樣的煩惱。

為了避免浪費這種不必要的時間，最有效的方式就是設置一個規則來「統一管理資料夾」。

我也曾任職過ＩＴ企業，至今為止看過很多人的電腦，但有不少電腦裡面都沒有一個資料夾管理的規則。

把在檔案名稱上有標註日期的和沒標註的放在一起、有些東西放在資料夾裡有些卻沒有……這種狀況下，不管怎麼樣都必須花時間去尋找資料。

像文件和文具這種有形體的東西，我們很容易去定位它們的「物體位置」，但只能用鍵盤尋找的電子數據，當然會容易忘記。無論怎麼找，如果你已經忘記檔案名稱或者沒有標註日期的話，你想找到需要的文件就會花非常多時間。

關於這點，根據工作種類的不同，每個人在管理資料的方法上都會有所出入，因此我就不特別去詳細解說了，但我希望大家務必設定一個檔案名稱和保存位置統一的規則，讓你的電腦內可以看起來更清爽。

為了要提升尋找資料的時間，我會善用Gmail。只要我認為這個文件「是必要的」，我不會只將它存在電腦的資料夾內，還會透過Gmail再寄給自己一次。Gmail的檢索精準度很高，在移動的時候也很容易可以找到你想要的資料。

到目前為止，我已經告訴各位關於整理周遭物品的方法。

先前我曾闡述過，整理的目的就是要創造出「可運用的時間」，並想辦法做出成果，而這件事其實還有一個好處。

那就是，你可以藉由整理周遭物品達到減少「疑惑」的目的，你的腦袋也能夠跟著整理一番。只要你的思緒重新整理過，判斷的速度也會提升，整體的工作流程自然會更加順暢，這是一個極為良好的循環。

在達到「不要找東西，而是拿東西」的境界之前，請大家一定要付諸行動，一起著手整理你周遭的環境吧。

03

透過「可視化」，徹底提高工作的整體效率

說到以前上班公司的上司，他總是一副很忙的樣子，因此我很好奇「那個人到底在忙些什麼呢」，曾經稍微觀察了他一下。

然後我發現，他幾乎花了大部分的時間在「確認狀況」。例如發信給與企劃有關的部下確認情況、打電話給業務負責人確認情況等等，乍看之下他好像都在工作，但說到底有在做的事情也只有這些而已。

當然，確認部下情況是身為管理職的一項重要工作，然而問題就在於花太多時間確認「現在的工作狀況如何」、「誰現在到底在做什麼」等等。

至於問題點為何，是因為沒有辦法將所有工作達到「可視化」的程度。

「可視化」也稱做「可見化」，不只Toyota，所有業界和業種都會使用這個詞彙，不曉得你是否也有聽過呢？不過雖說大家常常會講到這個詞，到現在卻依然殘留著到底有沒有確實發揮效果的疑問。

關於這點，Toyota的工作現場中，每個作業員都會將自己每日的工作徹底「可視化」。把工作寫在各個「作業工程板」上之後，只要看了白板，就能一目瞭然知道「誰」、「幾點開始」和「應該做什麼」。

一般來說，辦公室軟體裡面會有一個叫做「群組發送」的功能，而大部分的情況下我們會透過此功能來分享「會議」或是「會面」的情報，基本上不會分享個人相關作業。

當我剛轉職為坐辦公室的行業時，從一開始就貫徹了Toyota的做法，將「今天到幾點為止我要做什麼事情」的TODO表單全部可視化，一邊決定優先順序一邊將其寫到群組裡面。

這樣一來，上司只要一眼就可以確認我的行動了。不只讓上司的工作變得更輕鬆，我也不會一直被詢問進度，只要工作時被打斷的狀況減少，效率自然會提升。

另外，若你能一邊考慮做事情的順序一邊實際寫出來，就可以在腦中進行整理，明確知道自己接下來該做什麼事，集中力也隨之提升，從結果上來看工作效率一定會增加的。

再者，假使你得以做到這些事情，前輩們就能夠在看了我的ＴＯＤＯ清單後提出一些建議，例如「我曾經做過這個工作，可以告訴你要怎麼進行」等等，會得到相當多好處。

我其實不只會寫下工作上的會面，連「休息」時的邀約活動也會寫進優先順序裡，事實上在Toyota的販賣現場，我們也常常執行這個作業。

許多商業人士之所以沒辦法消化休假的時間，是因為都一直把工作放在第一位，想著「等到有時間可以休息的話，才休息」。

如果你把休息的順序放在最後，你就幾乎沒辦法做到這件事，自然會變成無法休息的狀態。**因此我們應該像在放入工作行程時那樣，將你的假日行程也列入考慮。**

這樣一來，你的行程表上面就會有所起伏，自然而然會演變成「為了下次的休假，現在必須集中精神工作」的狀態。

就如同我以上所說，若我們可以將「辦公室版本」的作業工程白板，也就是群組等各式各樣的功能可視化，你和你身邊人的工作效率就會越來越快。

除此之外，將「可視化」觀念套入到你工作環境中的方法，不只有善用群組功能而已，就讓我再舉個例子吧。

「可視化」的思考模式，也能夠應用在每天收發的信件上。

不曉得你是否曾經因為無法從收到的信件標題判斷該封信的主旨，而感到很煩躁呢？例如信件標題上只寫著「關於昨天的事」，其他什麼都沒寫。

我也曾經有過這樣的經驗，如果收到對方的信，我一定要把它打開來看才能知道內容在寫什麼。若我無法快速判斷這是否為需要立即確認的信件，或者是沒那麼急迫的信件，那我就會浪費掉一些無謂的時間。要是因為某種理由，必須拖到好幾天以後才能進行確認的情況下，很容易會連到底是哪天的信件都搞不清楚。

這都是因為沒有將信件「可視化」的緣故。若你沒有做到這件事，就會導致別人必須因你而多做一些程序。

運用時間不是只有你一個人順利就好。你必須做到不給別人添麻煩，讓對方立刻了解你的需求是什麼。工作不是一個人就可以完成的，你減少了別人的工作，最終也可以創造出屬於自己的時間。

請做到讓大家看到你的信件名稱，就能夠立刻知道內容在講什麼吧。雖然還是會根據時間和場合而有所不同，但極端來說，我覺得要是你可以只靠信件名稱來傳達你想告訴大家的事情，那就足夠了。

除此之外，有些情況下我們也會透過信件來進行會面邀約，這時我希望大家可以將「會面情況可視化」，**即是「你應該提出三個以上的會面選項來詢問對方」**。

例如當你想要進行商討的時候，光說「下次我們來開個會吧」絕對是NG的。收到信的人只能回信詢問你關於會面的細節，這樣又多了一個無謂的程序。

事實上，我曾經透過信件副本功能，看見以下這樣的聯繫情況。

A公司「我們來進行一場會議吧。」

B公司「好的，就這麼辦。該定在哪天好呢？」

A公司「就交給您來處理。」

B公司「那麼五月三十號如何？」

A公司「五月三十號還有別的預定，可能要麻煩您再提出其他日期喔。」

B公司「那麼六月四號的話您意下如何？」

結果，直到約定好開會時間、結束這次冗長的連絡時，已經是四天以後的事情了。當你看著這段連絡過程，你有什麼想法呢？

我看了這段往來以後，真的只有感覺到憤怒而已。

為了不要造成對方負擔，在用信件聯絡時自己一定要先看過一遍。而詢問會議的同時，請記得一併提出你希望的日期。

即使是交給對方決定的情況，也應該要指定一個時間範圍，例如「希望您能夠在〇日～X日之間提出幾個可以的日程」等等。

另外，關於「預約的信件」，應該要盡可能放在優先順位高的地方。一旦你的行程晚了一天，雙方的情況就會改變，這時你就不得不從頭開始商量了。

而辦公室內的「可視化」應用，並非只有我到目前為止所介紹的群組和信件功能，還包括會議紀錄和情報分享等等。

只要你能夠時常意識到「可視化」的觀念，並將情報分享出去，整體的工作速度一定會確實提升，我希望你也務必將「可視化」的想法應用在每日的工作上。

04 短時間內達到最大成效的TODO表格製作法

在Toyota，有著**「要在銷售狀況好的時候賣暢銷品」**這麼一句話。

在工廠的庫存管理上有一種很有名的JIT（Just In Time）的思考模式，意指「在必要時就只需要必要的東西」，而將這句話應用在銷售上，就變成「要在銷售狀況好的時候賣暢銷品」。若你想要提高所有工作的生產性，這個思維就極為重要，接下來就讓我來說明給大家聽。

若把「要在銷售狀況好的時候賣暢銷品」的觀念替換到你目前的工作上，會變成**「為了配合情況得出成果，你必須要集中所有的資源」**。換句話說，我們不能用隨機的方式面對工作，應該要「把注意力放在能夠得出成果的部分並加以發展」。

所謂工作當中，一定有優先順序和重要性不同的各種作業，應該做的、想要做的、這樣做比較好的……我在剛才說明「可視化」時也有提到，此時最重要的就是試著做出一份「ＴＯＤＯ清單」，把全部的工作都列出來。

然而，若你單純是想盡辦法把ＴＯＤＯ清單做出來，這樣絕對行不通。你只是「做了個ＴＯＤＯ清單」，根本無法提高生產性。

在面對ＴＯＤＯ清單時，你必須要有個正確的態度，如果你搞錯的話，它就會變成讓你自責的原因，你會整天思考「我又留下沒做完的事情了……我果然只是個廢物」等等負面的情緒。

面對ＴＯＤＯ清單時你應該有的觀念之一，就是「為了能配合情況並得出成果，要把所有資源都集中起來」。

沒錯，在這裡我們果然還是將重點放在「成果」上了。**你應該要時常想著成果，致力於容易得出成果的部分並加以發展**。要在短時間內得到最大的結果，就必須採取這種做法。

舉例來說，你擔任的職位是業務活動，負責寫感謝函給客人。這個感謝函在客人間的評價一直都很好，完全符合我們想要得到的成果，這時「寫感謝函」的重要性就非常高，必須把它列為最優先。

然而大多數的情況，我們會因為眼前各種雜事而把「寫感謝函」的ＴＯＤＯ往後挪，結果導致客人離我們而去。

為了不要發生這種情況並確實將重心放在成果上，我們應該要好好掌握每天「自己所做的行為究竟能夠得到多少成果」。**當你在判斷「雖然沒有成果但公司不斷要求的工作」和「雖然是自主性的行為但能夠確實得到成果的工作」這兩件事的優先順序時，你必須要非常冷靜。**

說到底，工作中的所有業務都能區分為短期長期、直接間接等等，而每項作業都一定要與成果有所關聯。**反過來說，當你碰到「沒有成果的事情」，你就要下定決心「不做」。**

有些人只要開始寫TODO清單，就會把有的沒的事情都寫上去。不曉得他們是不是很喜歡沉浸於忙碌的自己當中呢？每次我仔細一看，就會發現當中包含了許多「其實根本不必做的事情」，這樣下去無論過了多久，你的工作永遠無法結束。

只要你能事先設定一個「不必做」的標準，就不會被廣大的工作量給淹沒。唯有時常埋首於「必須做的工作」中，你才能因為滿滿的充實感而繼續做下去。反之，如果你什麼事都要卯起來做，有再多的時間都不夠用，最後只會徒增壓力而已。

當然，工作中一定有一些沒有辦法馬上看到成果的事情，我們會稱為「長期或間接」的業務。就算面對這些工作，也請你抱持著「做著做著總有一天會達成目標」的想法，就能夠確實完成它，而不這麼想就無法實現。

那麼，我再介紹一個面對TODO清單的正確態度。

你可以試著將「沒有經驗的工作」、「非擅長領域的事情」、「很花時間的業務」交給擅長的人或外包廠商。俗話說「術業有專攻」，一直花時間在你不擅長的事情上很沒有效率。

在商業領域中，常常會用到「成本效益」這個詞，然而這不僅僅表示「為了得到成果就必須要抑制成本」，**還包含了「為了在面對需要花時間的工作時可以盡量放手做，必須要適當地使用經費」**這層涵意。

若你觀察一下正在成長中的企業，你會發現他們將打掃與總務、庶務、經理、研修、網路相關的業務等等都分成了不同領域，並且委外給別人。

當你委託其他專業的企業後你就安心交給他們，自己負責徹底擴張能夠得出成果的業務。

而這個道理在你面對個人的工作時也一樣。就如同前面所說，如果可以用ＩＴ工具進行自動化的作業，那就全部交給機器吧！而只要是你可以用個人名義外包給別人的業務，就下定決心發包出去。或者，把自己一個人埋頭苦幹的工作分給同組的工作夥伴……其實你只要試著思考一下，應該會浮出很多方法，請你務必思考看看。

到目前為止我已經說明了和工作有關的ＴＯＤＯ清單內容。然而人生並不只有工作而已，在我們的日常生活中，也會產生各式各樣的事情。

其中，一定也有你很難去決定優先順序的「必要事項」。

若你從興趣和娛樂、自我啟發等等自己想做的事情開始做的話，一定會覺得時間遠遠不夠用。但我想大家絕對不希望在人生中，放棄你所謂「想做的事情」吧。

這種情況下，你必須要徹底思考如何運用時間這種有限的資源。

舉例來說，「看書」是你「想做的事情」，但如果你因為每天時間不夠用而放棄的話就真的太可惜了。這種時候，你要尋求的是如何將每項作業達到「最佳化」的效果，即為「要怎麼做才有辦法看書」。

到目前為止，我想出了「學習速讀以縮短看書時間」、「用章節把書籍切分開來帶在身上，就隨時可以閱讀了」、「如果是有聲書的話，就可以在移動中一邊聽」等等各式各樣能夠將讀書這件事情「最佳化」的方法。

同樣地，如果你想要運動的話，你就必須思考要如何於現在的生活中塞入「運動」這件事。

我想，只要像這樣思考隨時「生活的最佳化」，你就應該可以一點一滴充實你的人生了。

無論是工作還是你的私人時間，如果你永遠都把「想做的事情」留在清單上，就只有時間會一直流逝而已。

要怎麼做才可以「DO」呢？你要一邊思考這個問題一邊去實踐，如果你發現這麼做不對，就立即去改善。這個反覆的循環能夠讓你得出成果並落實時間運用，甚至還能更加充實你的人生。

05

徹底運用零碎時間，用「可以做的事」填滿所有空檔

在先前我們已經有說過，Toyota的「改善」秘訣是「將不必要的時間減少到極限」。

在Toyota，為了不要浪費一分一秒，每位員工都一直非常努力著。**這是因為大家都知道，只要把所有人省下的一秒鐘給累積起來，就可以得到偌大的成果。**

據說以前，Toyota有一位偉大的前輩對現場作業員說了這句話：**「請想像地板上正掉著錢。」**

這個意思當然不是要你撿起掉在地上的零錢，而是告訴你「改善工作的關鍵常常就在你腳邊打轉」的道理。

這裡所說的「錢」，正代表著「能夠得出成果」。

事實上，無論你在哪間公司工作，絕對不可能出現「太完美了，已經沒有改善餘地」的狀況。任何企業中一定都存在著幾個能夠進行改善的訣竅，而意外地，這些方法往往都存在於離你很近的地方。

從個人情況上來看也是一樣的，請大家務必再次省思自己的工作方式。你在工作時，真的連一分鐘都沒有浪費掉嗎？

若你觀察自己一天的生活，你會意外發現竟然存在著好幾分鐘的空白時間。只要你盡可能用你能做的事情把這些時間填滿，基本上就能夠提升效率。

大家常常說「善用零碎時間」，指的就是這麼一回事。

我想每個人在工作的時候，一定或多或少會出現一些等待什麼事情的時間或移動中的時間等等，而這些就是所謂的「掉在地上的關鍵」。能夠在短時間內得出成果的人，對於善用這些零碎時間都非常上手。

而零碎時間要怎麼去運用呢？這會成為縮短工作時間的一把鑰匙。

06

空閒時間利用方法的規則

我們究竟該如何善用零碎時間？雖然我們只說了「零碎時間」這麼一句話，但其中也有可能包含等電梯或等電車這樣數分鐘的時間，以及會議與會議空檔中的三十分鐘等等。

能夠活用空檔時間的人，會根據時間長短，事先決定「若有零碎時間的話我應該做什麼」，並把它寫在筆記本之類的地方上。舉例來說，大概會像這樣的感覺。

- **五分鐘以內↓**電話連絡、用APP瀏覽新聞
- **十分鐘左右↓**瀏覽推特、檢查郵件列表和通訊軟體的群組訊息，確認工作進度
- **二十分鐘左右↓**資料瀏覽等等

像這樣事先規劃好五分鐘、十分鐘和二十分鐘的工作，若在搭電車時有三十分鐘的時間，就可以分別做「十分鐘的工作和二十分鐘的工作」，而這些都能夠靈活做各種搭配。

我本身也會把「在怎樣的空檔時間我應該要處理怎樣的TODO」整理在我的筆記本裡。講是講整理，其實也不過是在TODO清單中多畫了幾個記號而已。

舉例而言，我會在「勘查要和客戶吃飯的店」這個TODO中，標註「計程車」的記號。當我要搭計程車時，只要看到這個記號，我就會明確知道「對了，我必須要去勘查」。

這個記號內容可以根據你自己的行動範圍來考慮，例如「電車」、「電梯」和「咖啡廳」等等，而像「五」或「十」這種時間單位也可以標註在上面。你要做的就是進行註記，並養成有空檔時間時立刻翻出記事本來看的習慣。由於這是一個人人都可以馬上學起來的方法，我希望大家務必能夠試一試。

若你想將空檔時間能做的事情大致分類的話，你可以分成「雜事處理」、「會產生下個工作的工作」以及「與未來有關的工作」這三種。

說到雜事處理，印象中就像製作每日報表以及連絡各相關處所等這些從辦公室遺留下來的工作。

而「會產生下個工作的工作」，是指在網路上查資料以及思考企劃案等等。

最後，「與未來有關的工作」為看書、上線上英語會話課程這些對自我投資有所幫助的事情。

以前，如果你不是坐在桌子邊就無法完成這些事，然而現在因為通訊環境和手機等各種產品的發達，我們得以更加有效率地善用空檔時間。

我常常會將兩本書帶在身上，若加上電子書的話就更多了，因此我總是會猶豫我應該要看什麼才好，而像這樣「營造環境」對於善用時間來說，也是一個非常重要的觀念。

根據個人習慣的不同，有些人為了在任何情況下都能集中精神，會使用「耳罩式耳機」，而我會聽一種可以提高集中力的「雙腦同步」音樂，做為切換我身體機能的開關。

如果你也有一個能夠讓你集中精神的環境或開關那就太好了。若你在搭電車時可以立即拿出唸書或工作用的工具，並進入集中模式的話，就得以更加有效率地運用空閒時間。

我常常會在電車中看到沉迷於手機遊戲的人，這到底是怎麼樣的一個情形呢？如果說你是「為了轉換心情所以每天只玩五分鐘」還算可以理解，但在通勤中的三十分鐘或四十分鐘內一直玩的人，應該要自覺到**「這段時間不會產生任何成果」**才對。

錢正掉在地板上，要不要撿起來就看你自己了。在空檔時間中你可以做很多事情，請務必試著重新檢討一下你運用時間的方式吧。

說到這裡，我已經介紹了很多零碎時間的活用方法，而與其完全相反的就是「完整的時間」。

著名的經營學者彼得・杜拉克〈Peter F. Drucker〉曾寫過一本書《卓有成效的經營者》（*The Effective Executive*），其中就有提到**「為了得出成果，你必須要確實管理好能夠自由使用的時間」**。

這麼想的話，空檔時間果然還是用在處理雜事上，再利用依此創造出來的「完整時間」來得出成果。

請大家務必把時間這個「掉在地上的錢」給撿起來吧。為了讓你的錢越來越多，更要善用完整的時間努力獲得成效。

07

工作上不需要「完美主義」

根據某個商業雜誌的調查，**聽說年收入低的人都很在乎「正確性」，而年收入高的人重視「階段和成果」**。用年收入可能沒辦法一概而論，不過比起「正確性」，真正重要的應該是為了接近成果而付出的「執行力」才對。

事實上，**「生產力低而總是在加班的人」似乎有很多都是完美主義者**。不把所有事情攬到自己身上就不舒服；在製作資料時會拘泥於小細節；因為性格認真又充滿責任感，不希望把旁人捲進來……我發現這類型的人真的會出現加班過多的情況。

另外，「管理職帶給下屬的壓力」，其中之一就是「太慢」。我想擔任管理職的人應該都知道，很多上司都一貫認為「自己來做會比較快」，每次委託給下屬，多少都帶有一點忍耐的感覺。

正因為如此，如果下屬動作不夠快的話，上司就會越來越不安，然後產生更多的壓力。

所謂能夠安心交付工作、能夠信賴的部下，並不是「重視正確性的人」，而是「速度快的人」。

假設你因為講求速度而出了一些差錯，上司只要稍微注意一下就好了。

對於正在閱讀本書的你，我真的很想大聲跟你說：「完美這種東西真的不用追求也沒差啦！」

在這裡我希望大家可以重新思考，為了縮短時間並提高生產率，我們是否一定要花很多時間去「考慮」呢？事實上，我想大家看過不少企業都非常頻繁在開會，並且極為重視思考時間。然而如果你想要得出一些成果，首先你應該從「行動」開始。

不曉得是不是因為義務教育的弊病，大家都太過重視要從嚴格的考試中尋求「正解」，因此在日本企業中，很多人都會在行動之前尋找一個「答案」。若你一直做這樣的事情，無論過多久都不會付諸行動的。

在變化極為激烈的貿易市場中，常常會因為尋找「正解」而裹足不前，最後導致機會流失。說到我周圍那些「有能力的人」和「持續做出結果的人」，往往都在還不知道答案的時候就付諸行動，然後逐漸往目標邁進。

Toyota 從很久以前就有**「巧遲不如拙快」**這句話，而這也是身為一個創業者該有的思維。

巧遲是指「因為太過仔細導致動作變慢」的意思，而拙快則是指「就算稍微拙劣一點也沒關係，動作要快」之意。無論百分之六十還是百分之七十，只要工作到達某個進度以後，就下定決心把它劃分開來吧。

舉例來說，上司吩咐你「做一份資料」，此時我們不必在乎少打幾個字或打錯幾個字，應該要把速度放在最優先。接著你提交出去，從上司那裡得到了一些回饋後，再慢慢朝著最終成品邁進。

當然，在這裡我們也是把重點放在成果上，最重要的是我們必須要常常懷有「說到底，這份資料到底是不是『生財工具』」的想法。

如果是不會產生收益的資料和沒有要求品質的資料，我們就不用特別拘泥於文字大小和字體等小細節。為了要節省流程和時間，我們應盡可能注重速率。

在這裡我們提出了製作資料的案例，而這個思維其實無論在做哪種業務上都是一樣的。

例如當你不得不決定某件事情時，最應該做的不是先考慮好所有該準備的內容，而是先決定日程。**我們不該在準備之後才行動，而是應該把行動放在首位。**

假使整體狀況還不明確，那我們可以先進行七成的準備後再行動。本來整體狀況就是要在實際動作後才能夠知道的事情，既然你現在還不曉得，從結果上來看一邊進行一邊修正軌道會更加迅速。

08 比起正確率，執行力和效率更重要

在現今這個各種服務和商品充斥的年代，構想本身的價值已經逐漸消失。所有的服務和想法幾乎都用盡了，很少有人能夠提出得以顛覆視界的新構想，就算是你想要知道的資訊，只要在網路上查一下也可以解決。

因為如此，在現代社會中構想的價值正逐漸下降，取而代之變得重要的就是「行動力」。**無論你有再多的想法都只是紙上談兵，接下來你要決定的就是「做，還是不做」**。

也許有些人會覺得「現在才在說這種理所當然的事有什麼用」，但事實上就有許多人無法做到「即使稍微拙劣一點也沒關係，總之要盡速執行」的原則，因此你說「執行力」究竟有沒有價值？

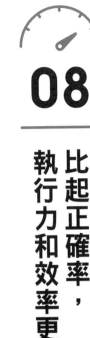

只要你能夠成功學會這項思維模式，你的工作行動和決斷力速度就會出現驚人的成長。

特別是在你必須開始進行某項新工作時，「拙速」的想法會非常有效。

若你想要執行一件嶄新的計劃，就算你提出了請示書，有很多時候還是無法得到認同，而你聽到的理由往往是「因為看不到成果」，我自己本身也有過許多次這樣的經驗。

明明提案內容沒有什麼不好，卻因為沒有數據導致可信度被懷疑時，經營端和上司就會因為不安而駁回你的提議。不過我們不能就此退縮，這時候正是我們發揮「拙速」的時機。

如果你提了一個案子，並說明「因為現在處於沒有數據的狀態，請讓我在最小限度內進行實驗。如果能夠根據結果來判斷，就沒有風險了」的話，基本上就能夠被大家認同。

如同以上說明，**當你要開始一個新計劃時，不要花時間在事前調查和準備上，首先你應該要用小規模和低成本的方式進行演練**。由於你在做的時候會得到各式各樣的反饋和回應，你可以一邊參考大家的意見，得出更完美的成果。

像上述所說的行動在先進的企業中特別活躍。根據我聽到的消息，位於美國矽谷的公司比起「過去的數據」，他們把「眼前的實驗結果」放在第一位來考慮。首先你要進行實驗，並以結果為基礎來思考下一步。

事實上，在人人知曉的臉書總公司中，會把這麼一句話貼在牆壁上：**比起尋求完美的結果，首先要讓這項工作完成**。

聽說，連先進的網路企業也極為重視「拙速」。

在日本的大企業中，大家往往會因為「想要有說服力，必須先尋找必要的數據並進行加工」，而花費了許多無謂的時間。如果你不想要浪費寶貴的時間，就試著用拙速進行最小限度的實驗，來得到許可吧。

另外，不只是行動，在「決斷」方面你也應該以拙速來進行。

在日本企業的商談中，常常會聽到「請讓我帶回去處理」這句話，而這正是因為沒有辦法在該場合下判斷，而出現的「巧遲」行為。清算權限等等公司內部的作業都非常花時間，也會給商談對象留下不好的印象。我想，對方一定認為「真希望能和可以下決策的人開會」吧。

從在該場合把工作完成以減少TODO的意義上來說，我們也必須整備好利用拙速來下決定的體制。

若你無論如何都無法對公司內部的事情下決斷時，請給出像「我會於三天後的星期五給您回覆」這樣的具體答案。這樣一來你就不必先做出結論，你也可以給人一種你會馬上下決定的印象。只要你對於任何事情都能像這樣判斷的話，我想很多人也會覺得你是個「腦筋轉很快的人」。

你必須要快速行動、快速判斷。只要做這些簡單的事情，你就不只能夠運用時間，還能得到別人的信賴，讓人覺得「你很可靠」。

請大家務必用拙速的方式行動，並下決策吧！

09

消除工作與情緒「不平衡」的時間運用方法

為了提高生產力，最基本的就是「排除不可能、不行和不均」。在Toyota，大家都徹底執行這個原則，努力將生產力提高到極限。

而不僅僅是Toyota，有許多製造業公司甚至為其取了「三不活動」這個名稱，並且徹底落實。

當然，「排除不可能、不行和不均」除了製造業以外，其實對所有的職場來說都是極為重要。在這三個要素之中，我已經在「不可能」和「不行」這方面做了非常多的介紹。

在這裡我們就以運用時間的觀點來看，說明在排除「不均」時應該要怎麼樣著手吧。

要從你的工作中排除「不均」，最有效的方法是「根據時間帶來改變你處理的工作種類」。

事實上，就算你做著同樣的工作，由於「時間帶」的不同，有時候你可以進行得很順利，有時候你卻無法集中精神，結果花了多餘的時間，而這個就是工作上的「不均」。為什麼會發生這樣的事情呢？

在以前任職公司的前輩之中，有人到了每天傍晚左右，就會開始做一些像寫企劃書等等的文書工作。那位前輩不太擅長文書製作，因此總是把這件事情往後延，開始處理的時候都已經到下班時間了。然而這麼做的結果，其實前輩的文筆並沒有任何進步，到最後只是不斷加班。

這種情況簡直就像是一直不願意寫暑假作業，直到最後一天才邊哭邊做的小學生，這在工作上來說就是一個典型的「時間帶」誤失。

那麼，前輩究竟要如何製作文書才好呢？

在闡述答案之前，我先簡單說明怎樣消除一天內工作上的不均。

關於「幾點到幾點之間要做什麼工作」，你有確實決定好了嗎？

我想有些人會明確知道應該做什麼事情，但人類體內的節奏並不一致，會隨著時間產生變化。**換句話說，只要我們能配合著節奏去做適當的工作，就能在更短的時間內得出同樣的結果，讓工作得以更快結束。**

我會把一天大致上分成「工作前」、「上午（工作到十二點）」、「中午到下午（十二點到十六點）」和「下午以後（十六點到下班）」這四個區塊，並用接下來所說的方法來決定各個時間該做的工作種類。

上午的時候你的頭腦非常清楚，也是一天之中集中力最高的寶貴時間帶，我會進行得以推敲構想的「創作業務」等等思考工作。

另外關於前面所說的前輩，**若面對像他那種每天都必須加班才能進行的書寫工作時，我會早一點進公司，趁著公司內人還很少且不太有電話進來的時間完成，**這是最理想的情況。

即使是你不擅長的事情，只要能設定在「工作開始之前完成」的話，你就會有更高度的集中力。

而中午到下午這個時間帶，除了吃午餐以外，我還會和別人說說話聊天，活動一下身體。

吃完午餐以後，往往會因為想睡覺導致集中力散漫，因此我會透過商討或移動身體、做體力活等等來填滿這段期間。雖然我幾乎不會吃午餐，但我還是會在下午時間安排許多會面。

至於下午到晚上的這段時間，容易因為頭腦疲憊導致生產力下降，因此這時候我會做一些不太需要思考的定型業務和處理雜事等「作業」。

即使你有一點疲累，但由於做的工作負擔沒那麼大，為了能夠趕上下班時間這個目標，你就會加快動作。我其實已經強調過非常多次，像這樣的「作業」並不能稱之為「工作」，所以我們就不要在那邊恍恍惚惚，盡可能快速完成然後準時下班吧！

會因為做事方式導致每天出現工作不平均的人，我建議你們可以製作一個行動的程序。

譬如像學校所使用的時間帶一樣，用時間單位來分割。而這件事情你可以透過先前所介紹的「TODO清單」進行應用。

這麼一來，即使你因情緒關係產生了一些工作上的不平均，你也可以讓其慢慢的穩定下來。請你試著把時間帶和例行公事的觀念記在心上，消除工作與心情上的不均吧。

10 鍛鍊工作能力的「百分之二十五規則」

有些人總是會在無意識中加了一大堆班。明明想要做些什麼來改善，但還是每天一直加班……

每當看到這樣的人，我都會想：「這人不就是因為有時間，才會一直加班的嗎？」乍看之下這個想法好像有點矛盾，然而它的道理正如同以下所說明。

只要你覺得「你還有時間」，就不會努力去提升效率，造成最後在沒有意識到的情況下花了越來越多時間。

就和增加負重量來鍛鍊的健身訓練一樣，正因為存在「時間有限」的限制，「工作能力」才會提高。從以前大家就會說「要將事情委託給身上有很多工作的人」，也許這兩者的道理非常相似。

這麼想的話，如果要減少加班，「給自己設定一個期限，把自己放在一個追著期限跑的狀態」似乎是個有效的方法。

Toyota 從很久以前就有「把自己放在一個拚命的位置上」這句話，可以說完美詮釋出上面所講的意義。它所表達的是「當你陷入一個沒有退路的狀態時，會比較努力動腦筋去下功夫」，而這當然也可以適用於時間運用上。

俗話說「狗急跳牆」，只要每個人都設定一個期限，我們就會一邊注意一邊工作。如果你所做的事情和期限，跟帶給你的壓力無緣的話，你可以自己設定一個「每天準時回家」的規則再去實踐就可以了。

這麼一來在你的腦袋中，為了要讓工作能夠如期完成，就會開始嘗試錯誤並進行修正。根據每人的狀況不同，我們可以從期限內往回推自己所習慣的時間帶。

只要你能夠像這樣以自主性思考的情形來工作的話，所謂的「被逼迫感」就會消失。你會不斷前進並絞盡腦汁，為了能夠準時下班而時常思考做事情的方法。

關於將自己放在拚命的位置上，我所用的是一個叫做「百分之二十五規則」的方法。

所謂的百分之二十五規則，是指將自己所設定好或是規定好的期限縮短四分之一的意思。

例如規定期限為「二十天後」，你就改成「十五天後」，「八小時後」你就改成「六小時後」。如果在一個小時內你必須要想出一個提案，那你就只給自己四十五分鐘的時間。

以前，我也曾經挑戰過要縮短百分之五十的時間，但這樣真的會來不及，而且會出現許多麻煩，因此最後就改成百分之二十五了。

如果只是這樣的程度，我想稍微下一點功夫，應該每個人都可以做到。人類是一種只要設定期限就會一直注意時間的生物，然後想盡辦法取得平衡去行動。我想這也可以說是人類的習性吧。

話雖如此，應該有不少人一開始會覺得「很難」、「沒有自信能夠遵守，因為我不是個意志力強的人……」。

要解決這樣的問題，其中一個方法是和別人有個約定。

譬如下班結束後和朋友吃個飯、舉辦讀書會、看齣劇或電影等等，什麼都可以，總之和別人約好做點事情吧。

只要你有了和他人的約定，你就會因為「不想遲到造成別人困擾」、「很浪費錢」等等因素，拼死命去完成你的工作。

如果你是個對自己沒有自信的人，請一定要試試看這個方法。

11

請站著進行會議

在上一節當中，我已經介紹過要如何將自己放在一個拚命位置上的「百分之二十五規則」。

然而，僅僅這樣是不夠的。**你不能只設定一個期限，還必須把自己放在一個「能拚命工作」的環境中。**

當我剛從 Toyota 轉職到ＩＴ產業的時候，我總是在煩惱某些事情。

若我一直坐在椅子上工作的話，我很容易陷入沉思，結果導致開會時間被拉得很長。

當我正苦惱我該怎麼做的時候，我想出了「那麼就改變工作環境」的方法。具體上來說，即為「我不能再坐著了！就站著工作吧」這種感覺。

首先，我實施的是站著進行會議，而在Toyota的工作現場大家也都這麼做。Toyota的會議幾乎都是以站立狀態進行，因為是在作業中的會議，這麼想的話也很理所當然。

雖然當時我沒有注意到，但現在仔細想想，**正因為我們是站著的狀態，才不會講一些無謂的話，讓會議盡早結束。**

由於我們落實了這個原則，花在會議上的時間就得以急速減少。

後來我才知道，此政策是由佳能電子（Canon）的酒卷久社長所提倡之「不要坐在椅子上的職場」所演變而來，在社會上也是個眾所矚目的工作方式。

除此之外，網路服務公司Hatena的開發會議也極為有名。我曾於電視上看過他們實際開會的樣子，在會議中全員都是以站著的方式進行討論。

我曾看見有人在會議中打瞌睡或是用手機寫郵件，而且次數多到數不清。**之所以會有這種人出現，是會議無意義的證據，並非他們本人的錯。**

長時間站立對每個人來說都很辛苦，因此大家為了想要早點結束，都會非常積極參與討論。只要全員的精神集中，就能夠在更短時間內得出結論，成為一個生產性高的會議。

而這件事情，完完全全是來自於「將自己放在拚命的位置上」的發想。

12 在會議中，若沒有替代方案就不要反對

前一章我們說明了關於開會方法的話題，而在此我就再告訴大家一個能夠提高會議效率與建設性的方法吧。

在Toyota，有著「沒有替代方案就不要反對」這麼一句話。若你想要反對別人的意見，一定要拿出「比這個更好」的替代方案。

舉例來說，在報告計劃的會議上，如果有誰提出了某個意見，一定會有人反對，說「我覺得這樣不對」或是「我認為這樣不可行」。

只要有這樣的人存在，周圍的氣氛就會漸漸變得難以提案，導致誰都不想發言。結果只有時間一直流逝，會議就在什麼都沒有決定好的情況下結束。

我想應該很多人有這樣的開會經驗。這種情況下，無論有多少時間都不夠用。

如果純粹是反對某個人的意見，小學生也可以做得到。假設你是以一個商業人士的身分在開會的話，就必須朝著目標前進才行，不能光是提反對意見讓會議難以進行下去。

開會的目的就是要找出解決問題的對策，藉由大家集思廣益，一定比一個人思考來得快，也可以提出各種新的建議。為此我們不應該「反對」，而是要提出一個能夠解決問題的「對策」。

當然，完全沒有任何批判和反對的會議不能夠稱之為有建設性且有效率，這是因為反對意見也很重要。

像我本身曾經參加過某場會議，整個過程中沒人敢反對社長的意見，就只是讓會議順著進行，到頭來根本就沒有人提出好提案。

有時候我們必須讓有權力的人強硬地推動事務進行，但如果周圍的人只會一味附和，那這個會議根本不成立。

像這種會議一結束，常常會看到參與的同仁們聚集在吸菸所等地方開「井戶端會議」，這就像是以前的婦女到井邊打水，趁機說八卦一樣。若仔細聽他們的談話內容，會發現他們提出了非常多反對意見，甚至還會出現比目前更好的方案，面對這種情況，我只覺得非常諷刺。

會議並非一件單方面的事，必須要從各種角度來看，反對意見也是不可或缺。然而，光是這樣結束的話不會產生任何結果，因此我們必須結合反對意見找出最完美的替代方案，這麼一來，最初提出的意見也可以增加不少面向才對。

不過雖說是「替代方案」，就算設想沒有那麼周全也沒關係。

首先我們應該要提出許多意見，再從其中選出好的並把它們收集起來，**這個從「提出↓收集」的過程就是建立一個「好會議」的關鍵**。

在進行提案的過程中，最剛開始需要進行的就是「提議」。在此階段，比起意見的品質，我們應該要著重於提出的量。當然若出現反對意見時，提案也必須重新審視，不過這時只要有個基本構想就可以了。

當我們集結了某種程度的提案後，就要從裡面做出取捨並達成共識，我們稱為「收集」。

這時候我們要做的就不是提出新意見，而是從目前為止所提出的立案中找出最適合的，而在此階段中的「替代方案」，就會是我們從眾多意見中所選出來的。這麼一來，提案不就變得很簡單了嗎？

即使你不是一個領導者，在參加會議的時候，你也應該一邊觀察「現在會議進行到哪個階段」，並在適當時機提出意見。

在會議中，每個與會者都必須要有這樣的觀念，才能夠確實得出成果。

13 顯著縮短「思考時間」的「三現主義」

磨練企劃的想法、思考新的工作方式來改善業務、思考新商品的販賣方法……我想很多人都覺得這些「思考工作」，與縮短時間有著非常遙遠的距離。

然而除了 Toyota 以外，只要有很多進行製造的企業能夠活用名為「三現主義」的思維模式，就可以用比現在更短的時間想出一個新企劃或新提案。

所謂的三現主義，是取「現場、現有商品、現實」這三個詞彙的第一個字所組成，意指「去現場」、「看現有商品」和「了解現實」。

當你無論如何都必須在短時間內生出企劃或提案等新構想的時候，關鍵就是先到「現場」去。

也許有很多人會覺得「省了吧，這種事情用網路就好」。確實我們只要上網的話，瞬間就可以查到為數驚人的情報，不過這些根本不符合現場資訊，宛如教科書一般的企劃和提案，幾乎可以說是絕對會被否決。

被否決了，只好再去網路上查完後重新提交，可是又被否決第二次……若你陷入了這樣的無限循環中，就算要花些時間，還是請你去現場一趟吧。我認為無論是怎麼樣的工作，想要提出一個有魅力的構想，一定要去現場聽「血淋淋的聲音」。

所謂「血淋淋的聲音」，是指像客人的心聲、在那裡工作的業務員心聲等等，根據職業種類不同會有各式各樣的答案。我們沒有必要特地去做一個大規模的問卷調查，只要能自己到現場去聽「三不」的話，一定可以浮現出好的想法。

所謂的「三不」，是指「不滿」、「不安」和「不便」。

收集現場所流露出來的「三不」，思考解決方案，並成為現場的代言人吧！這麼一來，你提出的方案就極有說服力。

事實上，Toyota 的上層人員對於「真正重要的情報會存在於現場」這件事情的意

識都非常強烈，他們最重視直接去現場查看並聆聽現場人員的聲音。

由於我以前曾經是現場端的人員，當時就有許多上層人員來現場好幾次，不斷問我們一些問題。只要像這樣從現場人員這裡問出情報，就能放下先入為主的觀念和一些個人堅持，提出中立且客觀的想法。

話雖如此，他們並不是就這樣胡亂地問了一堆問題而已。現在回想起來，他們似乎先做了「一次性的假設」，然後才思考要問些什麼。只要先在自己的腦中做好一次假設，於提問後觀察對方的反應，就可以知道和實際的情報差了多少。

除此之外，我從當時任職的特約店營業負責人那裡，學到了「現場的重要性」。營業負責人會根據區域劃分，而當時有某個區域的負責人遲遲無法提高業績，陷入了苦戰。由於週末有做活動的關係，大家拚命在該區域發送ＤＭ，但來現場預約的電話還是非常少，甚至比平常的狀況還糟。

那時候，那位負責人秉持了三現主義的思維，在該區域到處查看。結果他發現，原來附近不知何時開了一間中古車的量販店，而且似乎在辦開幕活動，店內人數比想像中還要多。當時那位負責人因此注意到「原來我們的對手是中古車」，於是將重心放在新車的優點上，製作了手寫傳單。聽說因為這樣的做法，客人慢慢就回流了。

若你沒有實際到現場看，你是不可能知道這件事情的。現在的時代也許可以用SNS收集到某種程度的情報，但那些並非百分之百正確，你可能還必須要判斷情報的真偽。**比起被情報搞得亂七八糟浪費時間，果然還是實際到現場去聽聽客人的話或感受一下氣氛，更能迅速得出結果。**

雖然似乎有點偏離運用時間的主題，然而事實上不只Toyota，能夠善用「現場主義」這個關鍵字來增廣見聞的機會似乎增加了，我非常堅信我們絕對不可以忘記這種思考模式。

如果是直接會與客人接觸的業務性質自然不必說，從廣告、會計到與客人距離遙遠的總務職位等遙遠的各種職業類別中，都必須要以「現場」為工作的基準。就算你成了管理職，甚至最後當上經營者，還是不可以忘記在現場的感覺。

當然，「現場是百分之百正確的」，這個想法不會永遠都對。即使你坐在位子上也可以生出完美的企劃，在會議的討論中也有可能浮現一個出乎意料的提案。

然而欠缺臨場感覺的企劃和討論，就算再認真也跟紙上談兵沒什麼兩樣。

更嚴格來說，唯有工作能力差的人才會輕忽「現場」的重要性。

「現場的那些傢伙根本什麼都不懂」、「你們也不想想在本部有多辛苦」……像這種現場與本部相互衝突的提案，其實我看過不少。

不只如此，我還曾經見過有企業秉持著「新人應該被分發去現場一次」的原則，然後像個儀式一般讓新人去現場工作。乍聽之下這好像是一個很正經的過程，但我認為這個政策的背後，只是把現場當成「測試性情和耐性的場所」而已。

「三現主義」絕對不是什麼性情論或耐性論。

無論對哪個立場的人來說，現場都是個隱藏著成功線索的地方，也是個充滿自我成長機會之地。

秉持著三現主義並確實掌握「臨場感」，是所有業務的原點，也是得出成果的一個捷徑。

Chapter

4

徹底節約時間的 Toyota式解決問題術

01 僅僅一種思考模式就會大幅改變解決問題的速度

在第三章，我已經告訴大家要如何將Toyota的思考模式和精神套入你的工作中，並提出可以落實時間運用的具體技巧。

若你能夠學會到目前為止所介紹的思維並實踐這些祕訣的話，你的工作效率應該會有顯著的進步。然而僅僅如此，並不能夠稱之為「成功運用了時間」，這是因為還有很多可以大幅縮短時間的因素存在。

那就是，解決問題時所需要的時間。

只要是工作，每個人都會碰到問題。更極端一點來說，也許工作的本質就是在解決各式各樣的問題。

在工作上會碰到的問題有各種類型和嚴重性，但無論如何，如果沒有確實解決工作就無法前進。當你想要在短時間內完成工作時，最重要的就是思考「你究竟可以在多短的時間內解決問題」。

當我這麼問的時候，我想有很多人會覺得「問題會根據當時狀況而有不同的內容，正是因為沒有辦法順利進行才會出現『問題』，要花時間去處理也是理所當然的。要在短時間內解決問題，根本不可能」。

然而在 Toyota 的工作現場，解決問題的方法上也有一個「型態」存在。只要你能夠確實學起來，無論碰到什麼問題，你都可以縮短解決的時間。

在本章，我會解說要如何將這個「型態」套用到你的職場上，不過在那之前，我想先告訴你「面對問題時的態度」。

當工作上發生問題時，你會有什麼想法呢？我想應該很多人會出現「好煩，糟透了」、「為什麼總是我？」這種憂鬱的感覺吧。

Toyota從很久以前就有著「將危機變為轉機」的文化，那是因為我們把「碰到問題」這件事想成「運氣好」、「這是可以測試我能否靠自己的力量跨越糟糕局面的絕佳時機」的緣故。

事實上，回想起在我工作的場合中，若有誰遭遇到目前為止誰都沒有碰過的整備問題時，每個人都會非常開心地圍在出現問題的車子旁邊。

而這樣的思維模式當然對運用時間有所幫助。**只要你能正面思考，就不會出現無謂的煩惱和迷惘，工作效率和品質自然得以提升。**

再者，若你可以確立面對問題時的正確態度，你會覺得「工作變得越來越快樂」。你的工作開心，人生當然也會開心了。

話雖如此，只靠前面的說明，還是沒有辦法確實了解面對「問題」時要如何思考才對。下個章節就讓我把在Toyota所學到之面對問題的方法介紹給大家吧。

02 問題不能只靠決定要「解決問題」的人來解決

讀到這裡，我想很多人會覺得「當問題發生時，我真的沒有辦法認為『運氣很好』啊……」，像這樣的心情我其實非常了解。

當產生問題時，之所以會湧現出負面情緒其實是有原因的。

其中一個和第二章所說明的「做不到的理由」一樣。然而，即使你花心力在負面的方向上，最後那些時間還是只會浪費掉。

人生中所發生的事情就像一道謎題或考試，沒有一個正確答案。正因為這樣，我們只能朝著自己認為對的方向努力去嘗試。

如果你一直想著「就是因為這樣才會失敗」、「果然還是等找到正確答案之後再行動吧」，那問題就永遠不會解決，現狀也不會改變。**在你思考做不到的理由之前，**

你應該先想「要怎麼做才可以解決」，並下功夫持續去嘗試，這才是最重要的。

話雖如此，我本身也有過極為痛苦的經驗。

這件事我其實很不願去回想。當我還在 Toyota 的工作現場工作時，曾經不小心撞到客人的車。我將預約的車修理好並整備完畢後，要把車子運送到客人家的途中，不小心撞到電線桿，導致車子刮傷了。當然我有向客人謝罪，並告知他公司會免費修理，並且延期交貨時間。

在那之後，我被該店的店長叫過去，而我也已經做好了接受處分的準備。沒有遵守交貨期限，又造成了多餘的刮傷給客人帶來麻煩，就算受到停職處分我也沒什麼好說的。

然而，店長只是看著我的眼睛，問我：「那麼，你要如何預防這件事情再次發生呢？」沒錯，店長也秉持著「要怎麼樣才能解決問題」的原則在工作。

已經想了好幾個「為何會撞到的理由」的我，瞬間覺得很羞恥。我到現在依然還記得當時我因為解決了心頭上的緊張，導致膝蓋癱軟、差點站不住的那種感覺。在那之後，我就再也沒有發生同樣的問題了。

不可思議的是，無論你遇到再怎麼困難的問題，只要你以「做得到」為前提來思考，就可以產生好幾個選擇。

舉例來說，就假設你現在突然必須去海外開會吧。

一個月後你就得用英文進行會議，但你卻半句英文都不會講。這種時候，你覺得你該怎麼做呢？

就算想些「不會英文的理由」也於事無補，對吧？我們不應該思考「為何自己沒有辦法開會」，而是「要怎麼做才能讓整個會議成功」。

這麼一來，你就會想出好幾個方案，例如「委託會英文的人進行翻譯」，如果找不到的話就「尋找網路上的翻譯服務」、「尋找翻譯ＡＰＰ」等等。

解決問題從結果上來說就是這麼一回事，**然而我們不可以將這個任務完全交給決定要解決問題的人。**

問題絕對是可以解決的，請大家不要忘了思考「怎麼解決問題」，並從正面去處理吧。

除此之外，**有一些思考模式會妨礙你解決問題。**

雖然這不是Toyota的思考模式，但在美國的自我啟發領域中常常會說到「三P」這個詞，就讓我來介紹一下。

當你從正面去面對問題時，請試著回想你是否有陷入這「三P」的狀態。

①Personal（個人的）

當問題發生時，如果你只是想著「為何都是我遇到這種事……」、「怎麼又是我……」而強烈責備自己的話，在精神上會非常痛苦。

「因為是自己的責任，必須要改善」，你能以此為前提而向前邁進的話那當然很好，但你沒有必要「攻擊」自己。

每個人都有可能像這樣遇到問題。乍看之下面對什麼事都能順利進行的人，事實上也會碰壁或因為與人發生衝突而煩惱。

如果你一直想著「都只有自己」的話，這些煩惱的時間根本沒有任何生產性，還是停止這麼做吧。

② Pervasive（普遍＝影響到全體）

有些人總是把一些枝微末節的問題誇大成「很嚴重的問題」，而且那些往往都只是職場中某一個人的問題而已。

「這是我們部門的問題」、「這是整個公司全體的問題」等等，如果總是把問題想得太過嚴重，只會害自己又衍生出新的問題，是一個沒有生產性的行為。

③Permanent（永久性）

這是指無論問題是否為一時性的，你都只想著這個問題會一直存在，結果就永遠都無法抽身。

公司內發生的問題其實大部分都有流動性，隨著時間的經過，你的處理方式也應該要有所改變。這種狀況不會一生都持續，因此你就放輕鬆去面對這些問題吧。

這個世界上意外地有很多人都用「三P」的模式在思考。雖然我已經強調過很多次，但我還是要說，任何問題都一定會有解決的方法。

如果你覺得自己已經掉入了到目前為止我所介紹的這些思考的陷阱裡，我建議你就從改變想法開始吧。

03

要趁問題還小時就著手處理

說到日本人，很多人都有著認真且責任感很強的特性。正因為如此，二戰以後大家才能夠達成大幅度的經濟成長，然而這個特性也有可能會造成不好的局面。

其中一點，就是問題發生的時候。

責任感很強的人在業務上發現任何問題時，都會想盡辦法要自己解決。然而很多時候這麼做只會造成解決問題的速度變慢，花了無謂時間又延長加班量。

在發生問題時，最重要的不就是「要盡可能早點察覺」才對嗎？所以你應該致力於前面所介紹的「可視化」，而為了達成這個目的，你必須要製作一套體制並活化大家的溝通狀況。

換句話說，**「若現場發生問題，你應該要建立一個能夠立即掌握狀況的體制」以及「製造一個員工能夠輕易發聲的環境」都是極為重要的。**

那麼具體來說，為了要盡早發現問題存在，我們應該要建立什麼體制才對呢？那就是「讓人能夠輕易採取行動」的體制。

在Toyota，為了要實現這些目標，我們有一個叫做「警報燈」的機制。

Toyota工廠的製造線中，我們會掛上好幾個揭示板，為了讓大家無論在哪裡都可以輕易看見各工程和機械的運作狀況、對於目標的現狀成果數等等，我們會在上面標示一些數值或裝燈泡。

順帶一提，這個詞的語源是來自於日文的「行灯」這兩個字。

警報燈是一種極為有名的系統，我想知道的人應該不少才對。

而我也實際看過，即使當時參觀的時間很少，但我還是可以看見警報燈中間的數值無時無刻都在產生變化。

我所參觀的是一種被稱為「組裝警報燈」的系統。那是一間由數千種零件所組成的工廠，而警報燈就裝飾在各個生產線的中間，負責顯示訊息。

只要負責人在製造工程中發現任何問題，就會拉一下頭上的細繩條。那是一個開關，會開啟警報燈裡面的亮光。

燈泡總共有綠、黃、紅三個種類，綠表示「無異常」，黃表示「發生異常」，紅表示「工作停止」。如果點起了黃色的燈，團隊的組長就會跑到現場和大家一起解決問題，而當紅色燈亮起來時，就會自動轉為工作停止的狀態。

當我們聽到「工廠生產線」的時候，通常會認為這些流程應該都很順利在進行；令人驚訝的是，實際上黃色燈亮起來的頻率非常高。換言之，**這是一種即使是很細微的問題，只要發生的話我們就會立刻採取「警報燈」的裝置，而工廠在該制度的實施上可以說極為徹底。**

聽到這裡，我想有些人會認為「因為這些細微的小問題就停掉生產線，那無論有再多時間都不夠」，對吧？

然而反過來想，你只要能在問題還沒那麼嚴重時就著手處理，演變成要花很多時間處理之大問題的機率就會下降，業務得以有效率進行，自然能夠減少加班量。順帶一提，我所參觀的工廠製造線在點燈以後數分鐘，警告標示就會消失，然後回到原本的工作狀態。

像這種「在問題發生時能夠立即察覺」的機制，後來演變成了 Toyota 從很久以前就一直貫徹的思維，也就是**「要將不良品放到眼前」**。

很多企業都不希望發生錯誤，因此工廠的作業員更會要求自己「不要停止生產」。然而這種做法有可能會導致在發生問題時無法立即處理的風險，再者，如果一直強硬規定要製作完某個定額，你就會被「為了完成定額，無論發生什麼事情都不能停止生產」的想法給綁住。

這麼一來，就算真的出現了什麼問題，大家都會像這樣理所當然地去忽略它，而這些問題累積起來就會導致所謂的「企業醜聞」，最後演變成上新聞的事態。

如果問題已經發展到這麼嚴重，那才是真的無論有多少時間都不夠去解決了。

在Toyota，我們為了不要讓這種事情發生，會極度獎勵發現問題時要拉警報燈並「把不良品擺到眼前」的制度，讓工作能夠更順利進行。

除此之外，在落實「將不良品擺到眼前」的方針並確實提高業務效率的製造現場中，還有著「將工作細分化」的特徵。

如果你把一個作業設定成以一個禮拜或好幾天為單位，這個期間太長，往往會導致發現問題的時間延遲。為了能夠輕易發現不良品的存在，我們必須把工作細分化。只要把作業程序切割得更細緻，當作業發生停滯時就可以馬上注意到，我們也能立即著手處理。

假使我們能夠用多重的計劃來執行這些體制，並檢驗得出來的結果，就能夠進一步提高成效。

除此之外，把作業程序細分化以後，自然也能夠測量各個作業所要花的時間了。即使整體的流程沒有問題，我們也必須要檢查有沒有超過設定的標準時間。**這麼一來，找出造成整體製作時間延遲的「瓶頸作業」也變得沒什麼困難。**

以色列的物理學家艾利・高德拉特（Eliyahu M. Goldratt）曾寫過一本名著《目標：簡單有效的常識管理》（*The Goal: A Process of Ongoing Improvement*），不曉得各位知不知道。這是一本介紹「TOC（Theory of Constraints＝制約條件理論）」的書籍，而其中也有提到**「由於妨礙生產流程之某項作業而損失的一個小時，等同於損失了整體過程中的一個小時」**這麼一句話。

為了不要讓整體的時間延遲，我們必須要找出這種瓶頸才行。

而想要找出瓶頸，首先我們就得將作業過程細分化，並以可視化為目標，「把不良品放到眼前」。

04
「敷衍了事」無法解決問題，要探討根本原因

許多人在面對繁雜的問題時，往往會冒出「總而言之先把眼前問題解決」的想法，然後照著心裡所想的去處理，簡單來說就是「敷衍了事」的心態。是不是有人被我說中了呢？

然而你這麼做，同樣的問題只會再次發生，無論花多久時間你都無法解決，最後就一直被同樣的問題困擾。從全盤性的觀點來看，你真的浪費了非常多的時間。

舉例來說，你總是撞到房間裡的衣櫥角，搞到自己受傷，不只手指擦破皮，還滲出了血。

這種時候，如果想著「為了讓我不管撞到幾次都不會有事，去買很多OK繃來貼好了」，然後就真的這樣著手處理，你覺得如何？這絕對不是一件好事吧。但在每天

的工作中，很多人就是用這種「敷衍了事」的態度在處理問題。

這麼做的話，每次受傷時你都要花時間來貼ＯＫ繃，你還要去買ＯＫ繃、甚至為了囤貨而花一些成本。

如果你想要壓縮解決問題的時間，就必須考慮「要怎麼樣才可以不撞到衣櫥角」。

在Toyota的工作現場，我們會把這種狀況稱為**「打地鼠」**，帶了一點諷刺的意味。明明很用心在照顧農作物，卻因為出現地鼠而被弄得亂七八糟。當你在面對這樣的問題時，僅僅「追著地鼠打，把牠們趕跑」是不行的，你應該思考一個更根本的對策，例如「製造一個地鼠沒有辦法生存的環境」。

探究問題根本原因的方法，我會於下一節做說明。在此我想要告訴大家的是，請停止「追著地鼠打，把牠們趕跑」這種只能處理特定情形的應對方式。

試著將此思維模式應用在解決「減少加班」的問題上吧。

造成加班量增加的原因非常多，我們必須根據這些原因採取不同對策。

舉例來說，如果是因為社員或員工不足導致不得不加班的情況，我們就必須採取提升員工技巧的教育訓練對策。另外，若是因為被委託了根本無法在時間內完成的大量工作，此時就應該檢討是否增加人員和工作效率的問題。

如果你沒有看透加班時間變長的真正原因，只是在那邊吵著要「減少加班！減少！」，或是嚷嚷要採取「無加班日」的制度，這種只能應付特定情況的政策根本不會有效。

要解決問題，最重要的是找出其根本原因，並採取適當的對策。

05

透過「問五次為什麼」，來探究問題的根本原因

我想各位應該已經了解「打地鼠」這個詞的意義了。

那麼，為了不要做出只能處理特定情況的應對，我們要如何探究「問題的根本原因」呢？

只要是問題，就一定存在著「造成這個事態的原因」。

舉例來說，一間公司裡面都有那種幾乎每天會遲到的年輕社員。他到底為什麼會遲到？關於這個他遲到的問題，我想出了以下幾個原因。

- **很不擅長早起，就算設定鬧鐘還是會無意識關掉**
- **不會安排計劃，在吃早餐和換衣服上花過多時間導致太晚出門**

住在公車和電車等交通工具常常延誤的地區

就像這樣，即使只有「常常遲到」這個問題，我們也可以想出好幾個原因，甚至也有可能是複數個原因所造成。因此在探究問題根本原因的時候，首先應該要做的就是思考大範圍的可能性，再從中找出一個真正的原因。

另外，一般來說問題的原因都有著階段性的構造，這點我們也必須注意。

例如在「沒有辦法每天於同樣時間起床」這個現象的背後，會有著「每天晚上都太晚睡」的這個原因，而進一步探究為何會晚睡，是因為「每天下班後都會跑去喝一杯」的關係。

如果你每天晚上都需要去喝一杯，也許是「有什麼煩惱導致心煩意亂」的緣故。這麼看來，要真正解決無法準時上班的問題，你必須要「想辦法問出那個人的煩惱並替他解決」。

像這樣，只要問題都有著階段的構造，你就應該去探究其原因，並找出最根本的因素來解決。

先前提到「很多人都在做打地鼠這種事」，就像你每天對著遲到的年輕社員斥喝著「給我早點過來」一樣，根本就沒有辦法解決問題。

甚至就算你更嚴厲地責罵對方，說「再遲到的話就減薪」，狀況大概也只會越來越糟吧。

就如同以上的道理，即使你對著不擅長銷售的人說「加油點賣吧」去鼓勵他也沒有任何用處。對著因為加班而無法回家的人說「快點回去」，在意義上根本就沒有解決真正的問題。

如果你沒有辦法確實掌握造成問題的根本因素，這些問題只會不斷以別的形態反覆出現。

像剛才那個一直遲到的年輕社員案例，假使前輩可以體貼一些、跟他說「我有一個很棒的鬧鐘喔」，並且把音量大的鬧鐘送給他的話，遲到狀況就會減少。不過這個解決方案也許只能預防短時間內的遲到，並沒有辦法解決他的煩惱。如果一直放置不管，不久後他就會因為身體狀況不適導致工作效率下降，最糟的情況甚至可能變得無法工作。

因此，我們必須透過「縮小」問題和「探究」去找出問題發生的根本原因，確定出真正應該處理的事情到底是什麼。

在Toyota，對於這種狀況我們有一個具體的關鍵句，那就是**「反覆問自己五次『為什麼』」**。

這也稱做「為何為何分析」，就如同其名稱一般，為了要找到產生問題的原因，我們要一直問「為什麼」。

這是因為，只要問「為何？」「為何？」就可以有邏輯且客觀地去探究問題，找出隱藏的根本原因。

這種思維模式最初是從Toyota開始，並以製造業為中心開始擴大，不過最近已經滲透到像ＩＴ產業等辦公室職場裡面了。

在這裡，我們就再次思考一下先前所說的年輕社員問題吧。

「常常遲到。」

「為何？」

「因為早上起不來。」

「為何？」

「因為太晚睡。」

「為何？」

「因為每天都去喝酒喝到很晚。」

「為何？」

「因為工作上有煩惱。」

「為何？」

「因為一直都拿不出成果，給大家添了不少麻煩……」

像這樣，你只要反覆問五次「為何」，就可以找出年輕社員遲到的根本原因。

這種情況下，上司和前輩如果要提高年輕社員的成績，只要分享自己的成功經驗，或是增加更多可以聆聽他說話的機會，就是一些適當的解決方案。

這樣一來，你該知道「送給他鬧鐘」這個行為究竟有多無用了吧。

這種思考方式，可以說是解決所有問題的基本原則。

在某個雜誌的訪談中，網路販賣的大企業亞馬遜（Amazon）創辦者傑佛瑞・貝佐斯（Jeffrey Preston Jorgensen）說到他自己也是受「Toyota 式」想法所感化的其中一位經營者，而其中的「五次為什麼」更加值得重視。

在日本自然不必說，至於這種思維模式為何會在全世界廣為活用並不斷進化，其背景就在於「問題複雜化」的產生。

現在的時代，即使你只有一份工作，也可能混雜著ＩＴ系統或工具、人們之間的感情等等複雜因素存在。這樣一來，問題的分析會變得更加困難。我認為要打破這種狀況，就必須把注意力放在「五次為什麼」上面。

除此之外，我以前曾經訪問過一些非常積極活用「五次為什麼」之思考模式的企業，而他們之所以採用此方法的理由，僅僅是因為「想要早點解決問題」而已。

事實上，到目前為止我所訪問的企業可以大致劃分為以下五個背景，而這也是他們為何貫徹這種做法的原因。

1. 在面對問題時想要盡早提出對策
2. 面對問題時想要找出最適合的對策
3. 想要確實預防問題再度發生
4. 想要呈現出對策的正當性讓上司信服
5. 常常被顧客要求說明問題的原因

「五次為什麼」的目的本來就是要找出問題真正的原因，並藉此「預防再度發生」。不只如此，從很多案例來看，這也可以當成是說服周遭人士的材料。

確實，如果公司內部和顧客的課題都能夠明確的話，似乎就可以透過「明文化」想出新的服務提案。無論如何，我想工作的效率是肯定會提升的。

我們每天都會面對各式各樣的問題，然後被逼迫著要去解決。

在本章的一開頭其實我就有向大家說明過了，**要說所有的日常業務都是「在解決問題」上，根本一點也不為過。**

為了要減少解決問題時所花費的龐大時間，請大家一定要把「為何」的思考模式學起來。

這麼一來，你會因為習慣了分析思考，再也不用被多餘的問題給佔用時間。

若你能夠不去思考不必要的事情，變得更加輕鬆的話，就能夠集中在本來應該處理的事務上，你的工作效率一定會顯著提升。

06 用四種角度面對，在短時間內解決問題

在本章的最後，我要向各位介紹我本身在 Toyota 所學到的「面對問題的態度」。請大家務必要將這些套用在你每天的工作上。

①試著將問題當成是學習新事物的機會

在工作中，如果你有設定每天的目標並不斷挑戰的話，我想實際上應該很少人能夠真的像所設想的那般讓工作順利進行。當你失敗時會得到一些回饋，而大部分的案例都是將這些回饋應用在接下來的成功上，對吧？

換句話說，失敗案例之中會存在著「在我們面對問題之前都沒有注意到的機

會」，因此將失敗當成「有挑戰價值的事物」並思考「失敗之中是否隱藏著機會」是極為重要的。

不僅如此，大多數的人會把發生問題錯當成發生不幸的事，導致你無法進行下一步動作。正是這種時候你才要起來戰鬥！在這裡踏出的一步是非常有價值的。

②面對問題時要「跳脫目前為止的嘗試」

當你在面對問題時，腦中浮現的解決方案選項應該都是根據過去經驗和自己到目前為止所看到的東西來決定。「過去曾經做過這樣的事，而且進展還不錯」、「曾經有這樣的人買過」等等，會因為一些成功經驗讓你想出這些選擇。

在Toyota，發生問題時我們常常會說**「透過白紙來看事情」**這句話。

遭遇逆境這件事在某種意義上，是一種「延長過去的成功經驗，並不能順利進行」的警示，而你必須要坦然接受這個警示的意義。

當然，就算你突然被說「給我用白紙思考解決方法」、「給我想出一般常識外的想法」，你也不可能馬上做得到。如果真的能那麼簡單就做到的話，逆境之類的事情可能一開始就不會偶然發生。因此最重要的是要盡早去挑戰眼前的問題，並且讓自己「失敗」。

失敗這件事情是指你假設的方法沒有辦法順利使用，你必須要把目前為止的解決方案和常識都忘掉才行。

試著讓自己不斷經歷失敗，再去面對問題吧。

③發生危機時更要增加行動量

之所以容易陷入需要面對危機的情況，是因為「煩惱的時間變多了」。如果你只是持續思考「要怎麼樣才能順利進行」，時間只會不斷流逝，那樣真的非常可惜。

即使我想要「思考正面的對策」，也常常會在回過神來後，發現我只是陷入了一個負面的想法裡面而已。

在說明「就算稍微拙劣一點也沒關係，總之要盡速執行」的部分中其實也有提到，這種時候需要的正是「行動力」。如果你感受到你正陷入危機中，請試著發揮比平常多好幾倍的行動力吧。

這麼一來，你就不會有什麼煩惱的時間，狀況自然就會慢慢改善。

我一直不斷在重複，如果你不行動是絕對不會有機會的。為了不要陷入無謂的事情裡而錯失好不容易得來的機會，在面對危機時請更積極去行動並挑戰吧。

④最後的最後，就算只有一點點也好，請稍微踮起你的腳尖

我們為了要讓自己成長，只能夠跨越極限了。

想要將目前為止做不到的事情變為可能，這也是理所當然的。要超越「現今」一

定得付出非常多的努力，大家都知道這個道理。

只要再踏出一步的話，你就會成長很多。然而很多人在踏出最後一步之前就放棄了，對吧？

超越極限並不是一件簡單的事情，遇到挫折的時候才更應該要在最後的最後踮起你的腳尖，試著往前踏出一步。

請大家一定要學著超越眼前的問題和危機，為自己拓展未來。

Chapter

5

迅速提高效率的 Toyota整體機制

01

急速減少失誤和修改時間的「自工程完結」體制

到目前為止，我以我在 Toyota 所學到的各種思考模式和技巧為基礎，說明了你要如何落實時間運用的方法。

然而，站在領導者和管理者的立場，也許有些人會覺得「就算只有我一個人的工作速度變快，只要下屬的速度還是很慢，到最後加班量還是不會減少」。

確實，無論你如何提高個人的生產性，若整個團隊的生產性無法提高，還是很難得到一個整體組織的結果。本章我將會利用 Toyota 的思考方式和體制，來說明「讓整個團隊拿出成果的方法」。

首先我想讓你們當作參考的是一種叫**「自工程完結」**的體制。

「自工程完結」原本是 Toyota 販賣現場用來管理品質的一個機制，藉由把一個工程分解成好幾個項目，當不良品出現時就可以迅速找出「原因在哪裡」。這麼做不僅能夠讓問題不容易發生，各工程的負責人也可以掌握自己工程中所發生的問題。

除此之外，現在這個自工程完結的體制已經不只存在於製造現場，連 Toyota 的辦公室部門等等也開始採用了。為此，活用的方法跟面對體制的理解方式會根據部門而有所不同，隨著體制在公司內部的擴張，多樣性也跟著產生。

Toyota 的「提高工作品質之思考模式」其一，就是利用科學的方式調查出「要把工作做好究竟應該怎麼做」，並把重心放在「消除錯誤和修改的次數」。

事實上，製造現場出現不良品的這個概念，也可以替換成辦公室工作上的「錯誤」和「修改」。

由於這樣講會有一點難以理解，大家就試著用上司向下屬發出指令的這個情境來思考吧。

當上司對著下屬吩咐工作指令時，通常只會說「寫一下這個報告」或「去影印一下這個」這種片段的作業內容。上司可能也只是想要好好傳達出「希望你做的事情」

的重點，抑或者是因為太過忙碌，想要盡可能縮短「下指示時所需要的時間」。

然而，這種做法用「自工程完結」來思考的話是完全NG的。如果單單下了這樣的指示，很多時候只會造成花費多餘時間的結果而已。

而這是為什麼呢？實際上，你已經可以完全掌握這個問題的答案。

在第一章開頭的時候我說明了「掌握目的的重要性」，而這正是辦公室部門的自工程完結思考模式。

把上司對下屬下達工作的指令，到下屬完成工作的一連串流程進行分解，接著分析發生錯誤和修改的理由，就會發現很多時候都是因為「下指示的方法」所導致。

以自工程完結的思維模式來說，在下達工作指令時一定要連「背景」也一併傳達清楚。

所謂「背景」大致上會有三種，即為「此工作的目的」、「此工作的重要性」和「委託此人的理由」。

舉例來說，當上司命令下屬要寫一份報告書的時候，首先要說明「我會以現在委託你寫的報告書為基礎來決定下一期的策略」，詳細告知此報告書的目的，接著說「根據此報告書的內容，下一期的政策會有所改變，因此我希望你能盡可能寫出正確的情報」，以傳達重要性。

最後，還必須要說明「我想要拜託比誰都要清楚現場狀況的你來完成」，告知委託的理由。

像這樣傳達工作的背景，上司和部下之間的認知就會相同，錯誤與修改的次數減少之後，收到指示的人也會整個改變心境。

如果你在下指示的時候能夠確實傳達這三點，就不會由於認知問題導致花費多餘的時間，部下也會因為感受到「被委託了重要的工作」、「自己被信賴著」而提高工作動力。只要動力提升，效率自然會增加，從結果上來看一定可以縮短工作時間。

就算是位於下屬的立場，也必須要知道這種思維模式。當你收到工作委託時，首先就要從確認這三點著手。

例如當你收到了「幫我把這個做一下」的這種簡單指示，你應該要充分思考「這項工作的背景為何」，如果不了解的話就提出疑問，為了不要和上司要求的有所差距。

而下達指令的上司也適用同樣的道理。如果和接收指示的下屬之間出現隔閡，只會浪費雙方的時間和勞力而已。**反過來說，若能夠填補這些隔閡，就可以用最少的時間和勞力達到最大的成果。**

當你接受指令時，只要有不了解的地方，絕對不要自己擅自解釋。請不要顧慮，去問你的上司。

如果整個團隊都能落實此項思維模式，就不會出現「我要的才不是這個」這種代溝，你更可以藉此消除需要修改等等無謂的工作，團隊全體也能夠縮短作業時間。

02 解決上司、下屬和同事之間的代溝，提高團體效率

填補上司和部下之間的代溝，所有的工作都可以效率化，對縮短整體團隊的時間也會有所幫助。

舉例來說，當要吩咐下屬做一份企劃書的時候，不要讓部下在企劃書完成後才提交出來，「請對方在事前報告一下整體的架構」會更有用。

在完成全部作業之前，應該要先將「企劃的目的」、「企劃概要」、「假設的風險」、「整體的時程」等等簡單條列式記下來，並把「首先要寄出整體架構」的想法用信件傳達給上司與關係者。

再者，如果你能進一步補充「如果有什麼認知錯誤的地方還煩請指教」的話，就一定可以從關係者那裡得到回信。有的時候就算是沒有參加事前商討的人，或許也會

因為有一些建議而回信給你。

從下屬的立場來看，明明花了許多時間把企劃書完成了，卻被說「不，我要的其實不是這個……」之類的話然後叫你「全部重做」，就會浪費大量的時間。為了不要產生這樣的代溝，事前告知整體架構就非常重要。

而像這樣的情形在開會時也常會發生。如果整個會議都在解決隔閡中度過那也太浪費時間了，因此最重要的第一步就是要「準備」。

雖說是準備，也沒有必要想得太誇張，**僅僅只需傳達「會議議程」和「會議目標」這兩項就夠了**。

我想大多數人在開會之前都會先把議程發布出去，不過如果負責製作的人能夠把各項目的「所需時間」記錄上去的話，會議的進行會更有效率。這麼一來，與會者全員都會注意到時間，緊張感增加了，會議就會變得更快速。

事實上，聽說某間正急速成長的企業開會時，為了要讓全員在報告和發表時意識到「每個人所擁有的時間」，會一邊用碼表測量一邊開會。

除此之外，明確知道「本次會議的目標」也是非常重要的。如果怠慢了這件事，整個會議就會變得非常冗長，有的時候還會因為開會狀況導致在決定重要事情時極為草率。

大多數的情況下，我們常常會因為開會局勢的影響，造成所有決定好的事情都變得模稜兩可，甚至無法順利進行下去。因此我們要事先決定一個具體的目標，例如「決定活動概要和負責人」、「決定五個營業方針」等等，這樣與會者全員才能夠有一個共同認知來進行會議。

若是在很難具體訂出目標的情況下，就用「何時」、「誰」、「做什麼」、「怎麼做」這「3W1H」為基準來思考吧。

根據某項調查，認為開會時間很長的人似乎佔了所有企業家裡面的百分之八十，而造成會議如此冗長的第一名原因，就是因為「沒有辦法事先分享訊息」。

想要縮短開會時間，最重要的就是要事先設定好目標並告知大家。

03

徹底執行「標準化」，發揮團隊的最大力量

為了提高整體團隊的生產性，「標準化」是一種極為重要的方式。**所謂的標準化，是指透過製作操作手冊或統一業務形式與文件樣式等方法，讓狀況變成「誰來做都會出現一樣的結果」、「就算不是特定人士也可以進行這個業務」的一種機制。**

在Toyota，為了要徹底實施標準化，我們不會有因為不同人而導致產出的品質有所不同，或因為誰休假而造成業務停擺的狀況。

無論擁有多麼優秀的社員，在除了那個人以外沒有人可以做到的「高特定性」職場上，還是會出現各式各樣的阻礙。

而其中最嚴重的狀況，就是工作過分集中在某個人身上使他的負擔增加，卻誰也沒有辦法幫助他。

如果一個優秀社員成為了阻礙，只會使團隊全體的生產性顯著下降而已。

想要讓團隊全體在短時間內處理完大量的工作，「借助周圍的力量」是不可或缺的措施。

特別是在面對自己極為擅長的業務時，我們常常會因為想著「我來做會做得更快，正確率也更高」而把所有事情都攬在自己身上，這樣下去總有一天會無法承受。

正因如此，要讓大家重視「要如何委託身旁的人」和「要如何讓身旁的人參與」這兩件事，其中一個方法就是「標準化」。

舉例來說，對於某特定業務非常擅長的社員，可以把自己的做法製作成一個操作手冊，讓大家都可以學習。而常常會被周圍的人諮詢關於企劃案的優秀社員，則可以把自己的企劃書寫法格式化並分享給團隊全員。

這麼一來，大家就得以從該工作解放出來，去專心做本來必須做且可以得出成果的事情，讓周圍的人去幫忙你完成工作。

「誰來做都會得出同樣結果」和「不是我也能做」的這些工作，我們不用自己去

攬下來，就讓我們透過標準化去分給別人吧。

接著，大家就能夠專心於「必須交由他來做才會有價值的事情」和「只有他能做的事情」，團隊全體的成果一定會因此提升。

04

將團隊生產力發揮到極限的程序製作方法

在前一節，我說明了將業務操作化的重要性，然而這並非是一件簡單的事情。就我所知的公司裡面，雖然有員工的負責業務就是做這件事，但做出的內容卻無法讓別的成員理解，結果那位負責人就只能不斷修改。

為了要克服這種情況，最有效的方式就是定期開檢討會來處理操作化。

實際上負責撰寫操作手冊的業務必須要一直確認「真的操作化了以後就可以進行作業嗎」、「真的沒有不懂的地方嗎」，若大家有不了解的部分就要提出意見，並改良寫出來的操作手冊。

這麼一來，手冊會變得越來越精緻，最後演變成誰都可以負責該業務的情況。

除此之外，在製作手冊時我希望你們一定要考慮到的就是「作業時間」。

操作手冊並不是一個只要照著順序進行就算有用的東西，而是必須達到和製作人花同樣時間完成業務的境界，才可以說是確實有發揮效果。

因此，我們一定要明確知道「應該要花多少時間才可以完成」。

事實上，在Toyota的工作現場，關於整備工作上會用到的所有操作手冊都有明確記載「作業時間」。只要規定了要在多久時間內完成，就會產生「期限效果」，作業速度自然會變快。

另外，如果是沒有必要製作操作手冊程度的工作，我們只要做份「檢驗清單」就可以了。

舉例來說，我們事先做一份在公司內部會定期展開的某活動檢驗清單，或是只要想出提案時就可以馬上寫下來的重點檢驗清單等等。這個方法讓我們在處理常常會出現的工作與行動模式時，可以更加廣泛且有效率。

檢驗清單和操作手冊相同，最重要的是必須盡可能讓很多人實際使用看看，並反覆詢問「是否容易理解」、「有沒有追加進去比較好的項目」、「是否有不需要的項目」等等，讓手冊變得更加精緻。

只要有一份完成度高的檢驗清單，就會和操作手冊發揮同樣效果，能夠簡單地委託工作給第三者。

到目前為止，我已經說明了操作手冊和檢驗清單的部分，而除此之外，「標準化」的思考模式還可以應用在「文書製作的效率化」上面。

例如，若你把想要寫的事情毫無考慮地寫了上去，大家就會不曉得你到底要表達什麼。

這麼一來，你必須花多餘的時間去重新修改它。這時候如果擅長寫文書資料的人能夠將製作方法格式化，並做出一個「基本結構表」的話，我們就能夠照著該流程去寫出來了。在製作企劃書和提案書的時候，我們沒有必要從零開始。

若你要建立企劃書和提案書的「基本結構」，可以應用所謂的「ＰＲＥＰ法」。ＰＲＥＰ法是關於製作簡潔且說服力高的文章時所使用的一種技巧，讓我用以下四個流程來說明。

● Point→最一開始，為了要表達出文章的要點，必須先說結論

● Reason→用「Point」來說明結論的理由

● Example→用「Reason」來輔佐你所陳述的理由，並用具體案例來說明

● Point→於最後文章總結的部分，再說明一次結論

你要照著這個流程來製作書面資料，並對照各自的標題來撰寫說明。之後你只需進行一些細部的補充和修正，無論是誰都可以在短時間內完成一份有一定水準的企劃書或提案書。

除了目前為止所介紹的作業以外，標準化思考模式還可以應用在各式各樣的場合上。請大家一定要和團隊全體一起利用標準化來完成工作，不要侷限於特定的人，想辦法努力讓所有人都能做出同樣的結果吧。

只要你能夠落實這件事情，工作一定可以變得越來越輕鬆。

05

透過「水平發展」分享成功模式，讓團隊全體成長

在第二章時我已經有說明，**將工作上的成功模式（成功因素）分享給團體全員是非常重要的**。

要說這是團隊全體要拿出成果時的不可或缺的觀念，一點也不為過。

在Toyota的工作現場，我們有一種稱為「水平發展」的思考模式，日文寫做**「橫展」**，是「橫展開」的省略語，為一種分析成功因素後分享給組織全體、省去不必要時間的做法。

在Toyota，其實無論面對什麼樣的場合，我們都會徹底執行成功型態的水平發展工作。

我想最適合舉的案例就是「創意大賽」了吧。

這是有關 Toyota 公司「改善技巧」的全國提案競賽，規模相當大。在廣大的會場中展示著從各都道府縣所選出來的構想，而從全國聚集而來的 Toyota 現場相關人都會一邊來回審視一邊做筆記、拍照等等，再拿回去應用於自己的職場上。

我也參加過兩次左右大會，在大廳中展示了各式各樣的創意，真的是非常壯觀，簡直就像「徹底實施水平發展的一個現場」。

我本身也把現場所收集到的各個創意帶回到我的販賣店中，向各位同事報告後並逐漸發展起來。

然而，我們不能像這樣什麼都不想地擴大發展就好。

重點在於「要怎麼樣才能找出一個適用於全體的『共同』方式」。

把和工作有關的個人性因素盡可能縮減到極限，首先在團隊中要徹底執行前面所說的標準化，只發展能夠順利進行的項目，才會產生出好幾個新的優勢。

水平發展的最大優勢，果然還是在於「運用時間」。

舉例來說，自己覺得「十分鐘內完成是理所當然」的工作，事實上別的部門需要花三十分鐘才完成。這麼一來，中間的二十分鐘差距就會成為「本來應該可以縮減的二十分鐘」，對公司來說是一個「損失」。

只要利用橫向發展，這些時間的損失就會顯著減少，對組織強度也會有所影響。

即使每個人再怎麼努力累積成功、節省不必要的時間，如果這些都只在特定人士上的話，說到底這樣的機制只不過是「部分最優化」而已。唯有將這些機制橫向發展，才有可能達到最大化的效果。

06 將「水平發展」應用在個人職場的作法

如果你的職場上並沒有水平發展的機制，我建議你首先要積極觀察周遭人們的做事方式，並試著拜託對方教你「要怎麼做才好」。這是因為，我想應該有一些什麼都不思考就要「撿便宜」的人，和想要將這些方法偷來變成自己做事模組的人存在。

前面我說明了「橫向發展的機制」，不過雖說是機制，也不是什麼了不起的事情。舉例來講，就算你只是設立了一個必須定期在大家面前分享失敗和成功案例的機會也無妨。即使只有幾個月的時間，只要你很努力地在工作，自然會累積一些成功經驗和失敗經驗。

若能夠定期在全員面前發表各式各樣的案例，大家不只會習慣水平發展這個機制，也可以促成一些實施業務改善策略的動機。

除此之外，水平發展在教育新人的方面也可以發揮效果。

當還是新人階段的同時，我們可以把只是死記的工作橫向發展看看，這麼一來不只可以互相了解其他人的工作形態，也能夠知道每天的工作是以何種方式進行、大家又下了什麼樣的努力。

再者，這麼做還會萌生出一種「同期也在努力，我不能輸」的競爭意識，讓雙方都受到刺激。就結果上來看，新人的成長速度會變快，而組織全體也可以達到縮短教育時間的目標。

只要你隸屬於一間企業，往往很容易陷入「部分最優化」的思考模式。

最常出現的「部門之間的對立」，我想其原因幾乎都是因為「認為自己的部門最適合」所導致。

因為提倡「管理技巧」而廣為人知的著名經營學家彼得・杜拉克（Peter Ferdinand Drucker），也曾留下這麼一句話：**「無論再怎麼落實部分最優化，還是沒有辦法贏過全體最優化」**。

不管投注多少心力在部門最優化上並得出結果，還是遠遠不及整體最優化所帶來的影響。

如果你隸屬於一間公司，只要組織全體沒有拿出成果，最終你也不會得到任何獎勵。更極端一點來說，**無論你所屬的部門再怎麼樣努力提高生產性，只要公司破產的話，你所做的一切都會化為烏有。**

說到底，部屬和個人都分散行動是不會產生什麼結果的。

然而，我想很多人會有「只要每個部門都能夠盡最大的努力，整個公司不就會變得愈來越好嗎」的想法。

當然，各部門和個人之間都用盡全力去面對眼前的工作很重要，不過我認為組織全體的效率性應該要更優先考慮才對。

只要你是一個團體裡面的人，就不會有「只有我自己好就好」這種事。請抱持著「將事情分攤給別人才能夠讓自己的工作完成」這種心情，來面對你的工作吧。

07

「自我本身」的成長歷程也是評估的要點

在日本的企業中，人才不足的問題正變得慢性化，有許多人明明是經理人卻還是負擔營業員的工作，我們稱之為「營業員經理人」。

像這樣的人們無論如何都會有「自己來做會比較快」的想法，才會自己也跑去當營業員。

「自己來做會比較快」的想法究竟會如何造成整個團體的生產性下降，由於我已經傳達過很多遍，我想大家也應該了解了。

而這種思考模式的背後，正是因為對於把工作委託給下屬這件事情抱持著不安，總認為會出現「被這些人追著問事情結果搞得更忙碌」、「工作的方向完全不對」、「被捲入不必要的麻煩」等等狀況所導致。

說到消除這種想法的方式，除了培育一個優秀的營業員以外沒有其他的了。

在Toyota的工作現場，我們會有**「要如何培育出一個自己的分身，也是被評估的關鍵之一」**這種想法。因此無論經理人如何貫徹營業員的工作並得出成果，還是不會獲得任何評價。唯有培育下屬並讓他們拿出成績，大家才會讚揚你。

只要能夠培育出營業員，生產性也會提高，這是再當然不過了。因此，我們必須將其當成全體中最優先的事情來考慮。

管理者一個人獨自把所有的工作做完，反過來說就是指「你只能夠把你能力可及範圍中的工作做完」。搞不好有一天你回想起這份工作，還會感到對周遭的人們有所虧欠呢。

那麼，到底要怎麼樣培育人才才能夠提高生產性？

首先你必須要做的，即為找出成員的技能。

要找出成員技能最確實的方法，事實上就是讓他負責一部份的工作。當我本身有了後輩之後，我也是這麼告訴他們的。

將工作委託給你的夥伴，專心觀察他們工作的樣子。這麼一來，即使是沒有經驗的工作，也可以藉此判斷出他們是否適合委託。

如果沒有辦法的話，就一點一滴把一些新的工作交給他們。**這時候最重要的就是故意用口頭說明交付工作的內容和注意事項。接著等工作結束後，再請他們把你說明的事情寫成一個流程表，做個簡單整理。**

你可以透過確認流程表的內容，來判斷「成員是否有確實理解上司打算如何讓工作進行」。

持續做這件事情一陣子以後，組織成員就可以在上司所傳達的重點之中，加入一些自己的想法並寫成新的流程。藉由反覆進行這個過程，犯錯的機率會減少，最後就能養成一個能夠一邊自我思考一邊進行工作的習慣。

除此之外，在委託工作的時候，前面所說的「自工程完結」思考方式會變得非常重要。不僅僅是工作的內容，我們也必須傳達「背景」給他們，也就是「此工作的目的」、「此工作的重要性」和「委託此人的理由」。

不只這些，在培育人才的時候，告知下面的事項也極為重要。

● **斟酌的範圍**↓是指在面對委託的工作時，告知成員要如何斟酌自己的能力來進行工作等相關情報。如果沒有告知這個訊息，成員就會擅自判斷要怎麼做，也有可能反過來一直請求你的指示。

● **判斷的標準**↓若成員之間把各自的能力結合在一起進行工作，我們也必須告知判斷的標準，當成員感到迷惑時才會有個「依據」。這麼一來，成員之間就能更容易自律地做事情。

除此之外你還要有個觀念，那就是在工作的空檔中要盡可能和成員們溝通。這樣成員有煩惱的時候才能輕易向上司坦白，而不會一個人壓抑著。

事實上在Toyota，即使是那種一生氣就很可怕的前輩，身處販賣現場時也會刻意保持柔和的表情。我想，這是前輩為了製造一個成員能夠輕易向他搭話的環境，所表現出來的體貼吧。

請你也務必使用目前為止我所介紹的方法，就算只是多一個人也好，試著培養出帶有責任感的「自己的分身」吧。只要你能夠實踐這件事，你自己也可以更往前邁進一步，組織全體的效率也會有所提升。

08

提高工作品質和速率的「Toyota式」人際關係建立方法

關於暢銷書《被討厭的勇氣》等書籍之所以會有名，心理學家阿爾弗雷德·阿德勒（Alfred Adler）是這麼說的：**就結果上來看，我們對於人際關係以外的問題都會裝作沒有看見。**

你在工作上會發生各式各樣的問題，這時候我們就必須花時間處理，然而這些問題發生的根源說到底，幾乎都來自於人際關係。當然，不只是工作，整個人生也可以說是這麼一回事。

在Toyota的工作現場，從很久以前就致力於「建立人際關係」。

就如同阿德勒前面所批判的，我們必須把人際關係這個課題看得很嚴重。

所謂工作，就是在「人和人」之間的連繫中所進行的，如果我們沒有確實建立人際關係，要做到「更快速」、「提供更好的服務」就會變得極為困難。

那麼在 Toyota，到底是怎麼建立人際關係的呢？

Toyota 從很久以前就流傳著**「比起嘴巴，我們要用耳朵來建構人際關係」**這麼一句話。

比起嘴巴，更要用耳朵，換句話說即是指「比起說話更應該聆聽」的意思。真誠地聽別人說話我們會稱之為「聆聽」，而實際上就是這麼一回事。在 Toyota，我們極度重視要用身心去傾聽對方說的話。

「向別人說話」與「聽別人說話」，若說到這兩件事情哪個比較難，我個人覺得是「聆聽」。

對別人說話的這個行為，只要把腦海中所想的事情轉變成語言說出來就好了，然而關於聆聽，你必須要接收許多對你而言是第一次聽到的資訊，因此很多時候你的腦袋中並沒有做好準備。

除此之外，每個人一定都有一些「堅持」和「偏見」，這會讓你更難去坦率地聆聽。你的價值觀和對方的價值觀，幾乎是不會相同。

在Toyota，我們會頻繁實施領導者和個別成員之間的一對一會議，一次所需時間大約為十到二十分鐘，非常短暫，不過一個月最少也會有好幾次，多的時候還會高達數十次。

在這些會議中，主要是討論業務計劃現階段的進度和接下來的預定，以及詢問員工現在是否有正煩惱的事情。換句話說，上司會「傾聽」下屬所講的話，而其中若發生像是「工作延遲」的情況，還會一同想對策。

另外有些時候，我們也會重新整理一下業務的優先順序，並將急迫性較低的事情往後推遲等等，彼此互相提出一些改善業務的想法。

即使像這樣相對而言較短的時間內，只要能夠以高頻率不斷進行會議的話，就得以更早一步發現問題，進而制定相關對策。而這些會議的累積就結果上來看，會讓工作的時間縮短。

美國著名作家戴爾・卡內基（Dale Carnegie）曾經說過，**「你只要能夠把對方的話聽進百分之八十，你就成功了」**。

特別是一些老練的管理職成員，其實有很多人不擅長「聆聽」。由於本身累積了相當多的經驗，會不自覺命令別人「給我做那個」、「給我做這個」，到最後就變成是在傳達自己的想法。然而若是像我在這裡所介紹的 Toyota 的會議，只要你能夠以高頻率來聆聽下屬的話，現場狀況也能更順利進行。

不只如此，在 Toyota 還有著**「建立橫向、縱向與斜面的人際關係」**這句名言，**大家也極為重視「力求人際關係的新陳代謝」**。

這和我們平常只跟同一個人溝通的狀況並不相同，公司內部的上司和前輩等所謂「縱向」關係自然不必說，我們也要連結同期與同事、不同業界中同年代的人們這種「橫向」關係，並進一步拓展到業界、年齡和性別等背景完全不相同的人們，建立所謂的「斜面」關係。

這和我們第二章所介紹的「標準點」觀念極為類似，都是講求要和自己所不了解之業界與世代的人們溝通，並達到拓展自身視野的效果。

舉例來說，關於工作方式這件事情，有時候會從作夢也沒想到的觀點來得到靈感，也有可能會因為價值觀不同而受到衝擊。

跟和自己不同世界觀的人們接觸，老實說真的會讓人有些膽怯。然而只要跨越這道障礙並建立新的人際關係，你本身的人脈也會變廣，自然也有助於提升工作品質和效率。

請大家務必意識到「縱向、橫向和斜面的人際關係」，並踏出新的一步吧。

身為 Toyota 集團創始人的豐田佐吉先生在擴大事業的過程中，曾經留下了這麼一句話：

「試著打開拉門吧！外面很廣闊的。」

後記

我能夠帶到
那個世界的東西，
只有充滿愛情的回憶而已

在本書中，我介紹了我在 Toyota 所學到的各種「運用時間」案例和思考方法，各位覺得如何呢？

促使我學習到書中所介紹之各種 Toyota 思維模式的人們非常多，而其中一位 Toyota 的前輩在二十四歲的時候因病逝世了。那位前輩有一位未婚妻，本來應該會結婚並生下小孩，建立一個幸福的家庭才對。

正因為和那位前輩哀傷地分別後，才讓我思考了很多關於「時間」和「生命」的事。結果在我心中，就醞釀出了一種**「時間比金錢重要」**的觀念。

就算花了一些無謂的錢也沒什麼關係，但你一定要停止剝削你的時間和生命，尤其是你必須要有「停止因為無聊的事情而一直煩惱」的想法。

只要活著，誰都會覺得最不夠的東西就是「時間」了，而我認為沒幹勁地煩惱，無疑是一種浪費寶貴時間的行為。

創辦蘋果公司的賈伯斯，也是受到 Toyota 影響的其中一人。他晚年臥病在床的那段期間，據說曾經講了以下這段話：

我所贏得的財富，都是沒辦法在我死亡時帶走的。我能夠帶到那個世界的東西，只有充滿愛情的回憶而已。這才是真正的富有，能夠給你帶來力量、能夠給你點亮明燈。

一邊想著家人一邊日日夜夜忙著工作的人，我想應該常常被另一半問到「家庭和工作哪個比較重要」這個問題吧。

需要讓你投注一切心力去做的工作，應該沒有那麼多才對。「工作比家庭重要」什麼的，真的有這回事嗎？

工作有無數個可以替換，卻沒有東西可以取代你的家人。就算你辭職了，公司也會馬上找新的人來取代你。

然而對於來到這個世上並慢慢長大的小孩子來說，父親和母親都只有一個而已。無論去哪裡找，也找不到替代品。

只要這麼想的話，人生中什麼事情應該最優先做，我想你自然應該明白了。

以前在ＩＴ企業的時候，曾經有一位家人打電話給一直坐在辦公桌前的上司，而那時候他只說了「工作中不准打電話來」，就把電話給掛斷了，我對於這件事情抱有強烈的違和感。在Toyota，公司會舉辦許多可以讓家人來參加的活動，我們也都很歡迎家人來到上班的地方玩。而說到底，這是因為大家都認為「如果沒有家人的支持就沒辦法集中於工作上，自然就得不出成果了」。

也請閱讀完本書的你，務必將心思放在時間和生命上，如果你能夠排除無謂的時間，並製造出許多充滿愛情的回憶，那我會覺得很欣慰。

最後，我想要收起我的筆，將本書獻給創造出「現在」這個時間的Toyota前輩們。真的非常感謝。

國家圖書館出版品預行編目資料

善用25%規則，TOYOTA精實到位時間管理術/ 原正彥著；郭子菱譯. --
初版. -- 臺北市：商周出版：家庭傳媒城邦分公司發行, 2017.05
面；　公分. -- (新商業周刊叢書；BW0633)
譯自：トヨタで学んだ自分を変えるすごい時短術
ISBN 978-986-477-237-7(平裝)

1.時間管理 2.工作效率

494.01　　106005942

新商業周刊叢書 BW0633

善用25%規則，TOYOTA精實到位時間管理術

原　書　名／トヨタで学んだ自分を変えるすごい時短術
作　　　者／原正彥（原マサヒコ）
譯　　　者／郭子菱
責 任 編 輯／李皓歆
企 劃 選 書／黃鈺雯
版　　　權／黃淑敏
行 銷 業 務／周佑潔、石一志

總　編　輯／陳美靜
總　經　理／彭之琬
發　行　人／何飛鵬
法 律 顧 問／台英國際商務法律事務所　羅明通律師
出　　　版／商周出版
臺北市104民生東路二段141號9樓
電話：(02) 2500-7008　傳真：(02) 2500-7759
E-mail: bwp.service @ cite.com.tw
發　　　行／英屬蓋曼群島商家庭傳媒股份有限公司　城邦分公司
臺北市104民生東路二段141號2樓
讀者服務專線：0800-020-299　24小時傳真服務：(02) 2517-0999
讀者服務信箱 E-mail: cs@cite.com.tw
劃撥帳號：19833503　戶名：英屬蓋曼群島商家庭傳媒股份有限公司城邦分公司
訂 購 服 務／書虫股份有限公司客服專線：(02) 2500-7718；2500-7719
服務時間：週一至週五上午09:30-12:00；下午13:30-17:00
24小時傳真專線：(02) 2500-1990；2500-1991
劃撥帳號：19863813　戶名：書虫股份有限公司
香港發行所／城邦（香港）出版集團有限公司
香港灣仔駱克道193號東超商業中心1樓
E-mail: hkcite@biznetvigator.com
電話：(852) 25086231　傳真：(852) 25789337
E-mail：hkcite@biznetvigator.com
馬新發行所／Cite (M) Sdn. Bhd.
41, Jalan Radin Anum, Bandar Baru Sri Petaling, 57000 Kuala Lumpur, Malaysia.
電話：(603) 9057-8822　傳真：(603) 9057-6622　E-mail: cite@cite.com.my

美 術 編 輯／簡至成
封 面 設 計／黃聖文
製 版 印 刷／韋懋實業有限公司
經　銷　商／聯合發行股份有限公司　電話：(02) 2917-8022　傳真：(02) 2911-0053
地址：新北市231新店區寶橋路235巷6弄6號2樓

■ 2017年5月9日初版1刷　Printed in Taiwan

ISBN　978-986-477-237-7
定價 300 元

城邦讀書花園
www.cite.com.tw